Figma *for*
デザインシステム

デザインを中心とした
プロダクト開発の仕組み作り

沢田俊介 | Shunsuke Sawada

"

本書のノウハウは、既に多くのユーザーを抱えていた radiko アプリの大幅リニューアルを推進するのに不可欠な要素でした。リリース後の保守や改善においても、一貫性と柔軟性を兼ね備えたデザインシステムに大いに支えられています。デザイナーだけでなく、プロダクト開発に関わる全てのメンバーが一読すべき内容です!

"

帆苅 晃太
株式会社 radiko プロダクトオーナー

"

大規模な受託開発を成功させるためには、多くのメンバーとのコラボレーションが欠かせません。沢田氏のデザインシステムは、デザイナーだけでなく、エンジニアや経営層までも巻き込む重要なツールとして機能します。プロダクト開発を成功に導き、その価値を持続させるためのテクニックが本書にまとめられています。

"

三浦 直也
株式会社 GNUS 執行役員

"

Figma を中心に据えたデザインシステム構築において必要な知識や実践法が詰まっています。Figma の使い方だけにとどまらず、デザインシステムに必要な実装との連携まで網羅されたすばらしい一冊です。

"

Hiroki Tani
Designer Advocate

レビュー協力

本書の内容や動作検証において、以下の方々にご協力いただきました。
心より感謝申し上げます。

Katherine Tachibana、mgme、sou(佐々田 壮大)、小野田 純也、
亀澤 有実、川合 卓也、髙橋 英里、出戸 克尚、中嶋珠李(なかしー)、
はるか@Web/UI デザイナー、もち、望月 尚代

本書内容に関するお問い合わせについて

本書に関する正誤表、ご質問については、下記のWebページをご参照ください。

正誤表

https://www.shoeisha.co.jp/book/errata/

書籍に関するお問い合わせ

https://www.shoeisha.co.jp/book/qa/

インターネットをご利用でない場合は、FAXまたは郵便にて下記にお問い合わせください。電話でのご質問はお受けしておりません。

〒160-0006　東京都新宿区舟町5

㈱翔泳社 愛読者サービスセンター係

FAX番号 03-5362-3818

※　本書に記載されたURL等は予告なく変更される場合があります。

※　本書の出版にあたっては正確な記述につとめましたが、著者や出版社などのいずれも、本書の内容に対してなんらかの保証をするものではなく、内容やサンプルに基づくいかなる運用結果に関してもいっさいの責任を負いません。

※　本書に掲載されているサンプルプログラムやスクリプト、および実行結果を記した画面イメージなどは、特定の設定に基づいた環境にて再現される一例です。

※　本書に記載されている会社名、製品名はそれぞれ各社の商標および登録商標です。

● はじめに

デザインシステムは特定のツールに依存するものではありませんが、多くのプロジェクトでその構築にFigmaが採用されています。Figmaのコンポーネントやスタイルの仕組みは強力であり、バリアブルの登場によりUIデザインやプロトタイピングの可能性がさらに広がりました。世界中のデザイナーとエンジニアが参加するコミュニティは盛り上がりを見せており、完成度の高いデザインファイルやデザインシステムの構築を支援するプラグインが公開されています。なにより、毎年「Schema」という国際的なカンファレンスを開催してデザインシステムの重要性を積極的に広めてきたのはFigmaです。

クラウドベースのプラットフォームで誰もが簡単に操作できるFigmaですが、より柔軟で複雑なデザインシステムを構築するためには、高度な機能を使いこなす必要があります。コンポーネントやスタイルのモジュール性、デザイントークン、バリアント、バリアブル（変数）などは、従来のデザインツールには存在しなかった概念であり、プログラミングの考え方やベストプラクティスを色濃く反映しています。デザイナーは、これらの機能を理解し適切に使用することで、コンポーネントのAPIやコードへの連携方法を設計できます。Figmaは、デザイナーがレイアウトやインタラクションなどの視覚的な領域から飛び出し、エンジニアとのコラボレーションを強化する後押しをしてくれます。

本書では「デザインシステムには興味があるけど何から始めてよいか分からない」といった方の参考になるように、具体的な作例を用いて段階的に解説を進めます。デザイナー、ソフトウェアエンジニア、プロダクトマネージャーとしての経歴を活かし、プロダクトの品質を向上させるデザインシステムの構築方法と、関連するFigmaの機能をまとめました。Figmaの初歩的な操作方法を理解されている方のステップアップとして最適な内容です。「デザインシステムはまだ必要ない」という方でも、そのコンセプトを理解し、本書で解説する機能を使いこなせば、既存のデザインプロセスを改善できるはずです。

デザインシステムの構築に集中すると、その成果物が主役になってしまいがちです。デザインシステムはサービスを作り出す人（プロダクトチーム）のため、そして最終的にサービスを使う人（エンドユーザー）のためにあります。開発サイクルを高速化し、一貫性や保守性を維持するためのプロセスを追求した結果、組織やビジネスの成長が止まってしまっては本末転倒です。このような前提はありつつも、本書はFigmaの「使い方」に焦点を当てています。デザインシステムの実例をもとに解説し、高度化したFigmaへの理解を深めてもらうことで、みなさんのプロダクト開発を支援するのが本書の役割だと考えています。

2024年4月

沢田 俊介

● 目次

Chapter 1
デザインシステムを知る

Chapter 2
プロフェッショナルなFigma

Chapter 3
デザインシステムをはじめる

Chapter 4
デザイントークン

Chapter 5
タイポグラフィ

Chapter 6
デザインシステムの拡充

Chapter 7
パターンライブラリ

Chapter 8
実装コードとの連携

● 本書を読む前に

本書の構成

Chapter 1はデザインシステムの基本的な知識、Chapter 2はデザインシステムを構築する上で必要なFigmaの応用機能を解説します。Chapter 3からデザインシステムの構築をステップバイステップで解説しており、Chapter 8では実装コードとの連携方法やワークフローを紹介します。

操作方法をできるだけ分かりやすく図解していますが、Figmaの基本的な使い方や繰り返し作業などについては省略しています。「Figmaをまったく使ったことがない」という方には、拙著『Figma for UIデザイン』から始めることをおすすめします。

必要なプラン

本書はFigmaの「プロフェッショナルプラン」を前提に解説します。無料プランでは利用できない機能があるため、ご注意ください。

サポートサイト

本書で紹介するWebサイトやプラグインは、以下のサポートサイトからアクセスできます。また、解説の各ステップに対応したサンプルファイルを用意していますのでご活用ください。複製後のサンプルファイルは自由に変更できるため、構造や設定を詳細に確認できます。

🔗 https://ds.figbook.jp/

使用画像について

本書で使用する画像はUnsplash（https://unsplash.com/）からダウンロードしています。Unsplashは商用利用可能な写真を無料で提供するWebサービスです。利用する前に規約（https://unsplash.com/license/）をご確認ください。

アップデート情報

本書に掲載している操作方法などは変更される可能性があります。あらかじめご了承ください。以下のURLからFigmaのアップデート情報を確認できます。

🔗 https://releases.figma.com/

動作環境

2024年2月27日時点

Webブラウザ版の最小システム要件

- Chrome 84
- Firefox 79
- Safari 15.5
- Microsoft Edge 84

デスクトップ版の最小システム要件

- Windows 8.1（64bit版）
- macOS 11（macOS Big Sur）
- Webブラウザ版が動作するLinux OS
- Webブラウザ版が動作するChrome OS

括弧の表記ルール

本書では以下のように括弧を使い分けます。

［ ］	ツール、メニュー、ページ、レイヤー、プロパティ
「 」	強調、プラグイン、クラウドサービス
『 』	ファイル名

キーの表記

エンターキーとリターンキーを enter として表記します。Macをお使いの方は return に読み替えてください。

アプリ開発への応用

本書はデスクトップ、タブレット、スマートフォンのWebデザインを事例としてデザインシステムの構築方法を解説していますが、アプリ開発にも応用可能です。

Chapter 1

デザインシステムを知る

Figmaで具体的な操作を始める前にデザインシステムの概要をお伝えします。デザインシステムとは何か、どのようなメリットがあるのか、どうやって始めるのかなど、前提知識をまとめました。

1

01 デザインシステムとは

● デザインシステムの目的

デザインシステムの目的は、サービスのあらゆるタッチポイントにおいてエンドユーザーに一貫した体験を効率的に提供することです。また、デザイナー、エンジニア、マーケター、マネージャーなどにとって「信頼できる唯一の情報源」となりプロダクト開発を支えます。最初からすべてを網羅することは不可能ですし、プロダクトの数、チームの規模、事業フェーズなどによって変化していくため完成がありません。トライ&エラーを繰り返しながら、目的を達成するために改善を繰り返す挑戦こそがデザインシステムの本質と言えます。

● デザインシステムの構成要素

どこまでをデザインシステムと呼ぶかは組織によって異なりますが、本書では以下のような構成を想定しています。

デザイン原則

ユーザーとの接点において何を重視すべきかを判断できるよう、考え方や思想を簡潔に記述したものです。デザインに限らず、マーケティングやコンテンツなどのあらゆる制作物に影響を与えます。

スタイルガイド

色、タイポグラフィ、エフェクト、アイコンなど、UIデザインを構成する要素をまとめた資料です。スタイルガイドで定義されたスタイルやプロパティを使って画面やコンポーネントを作成します。スタイルガイドの内容はそのまま実装コードに連携される状態が理想的です。

ライティングガイド

言葉や文章に関するガイドラインであり、スタイルガイドに含まれる場合もあります。ボイス&トーン、表記ルール、用字用語などを含み、プロダクトに個性と抑揚を与えるための指針となります。

パターンライブラリ

コンポーネント、レイアウト、テンプレート、デザインパターンなど、再利用可能な要素をまとめたコレクションです。パターンライブラリから必要な部品を呼び出し、積み木のようにUIを構築していきます。エンジニアは、パターンライブラリから実装に必要な情報を抽出できます。

実装コード

コンポーネントをプロダクトに組み込めるよう記述したコードです。エンドユーザーが最終的に目にするのは実装コードによって表示されるスクリーンであり、デザイナーがFigmaで作ったUIではありません。そのため、デザイナーはUIが意図通りに実装されているかを確認する必要があります。

このほかにも、ブランドガイドライン、イラストレーション、アニメーション、インタラクションなども必要な場合があり、デザインシステムの範囲はどこまでも広がります。

著名な企業のデザインシステム

Material Design (Google)
🔗 https://m3.material.io/

Human Interface Guidelines (Apple)
🔗 https://developer.apple.com/design/human-interface-guidelines/

Atlassian Design System
🔗 https://atlassian.design/

Primer (GitHub)
🔗 https://primer.style/

● デザインシステムのメリット

変更容易性と保守性

ひとつのプロダクトだけでも複数の画面が存在し、管理すべきUI要素やプロパティは無数にあります。ある要素を変更した際にプロダクトに散らばる同じ要素を確実に更新できるでしょうか。スタイルガイドやパターンライブラリであらゆる要素を一元管理しておけば、このような問題は解決します。例えばボタンの背景色を変更したい場合、スタイルガイドで定義された色の値を変更するだけで、すべての画面、すべてのコンポーネントにその変更が伝播します。

コラボレーションの強化

デザインシステムの構築はデザイナー1人でも始められますが、機能させるには各所の協力が必要です。エンジニアやマーケターをデザインプロセスに巻き込むことで、強固なコラボレーションが生まれるきっかけになります。プロダクト開発の認識がチームで一致していれば、迷うことなく前に進めます。

デザインの拡張性と一貫性

UIデザインを小さな部品に分解して管理するため、状況に応じた柔軟なカスタマイズが可能になるだけでなく、デザインの一貫性が向上します。複数のプロダクトで使用する共通ライブラリとして展開すれば、そのメリットはさらに大きくなるでしょう。

スムーズなオンボーディング

既存のスタイルやコンポーネントは新メンバーが開発プロセスに参加できるまでの期間を短縮します。デザイン原則はプロダクトの背景や組織文化の理解を助けるでしょう。同じことは外部組織に協力を仰ぐ場合にも言えます。デザインシステムはデザインの方向性やルールを理解してもらう最適なリファレンスとなります。

バリエーションへの対応

異なるモード（例：ダークモード、ライトモード）や異なるプラットフォーム（例：Web、iOS、Android）向けのデザインが必要になることがありますが、デザイナーのリソースが十分ではない場合は手が回りません。すべての要件に手作業で対応するのではなく、あらかじめルールを決めて適切な設計をしておけば、このようなバリエーションの作成を自動化できます。

◉ デザインシステムをいつ始めるか

プロダクトや関係者が増え、誰が何をやっているのか把握できない状況は間違いなくデザインシステムが必要なタイミングです。デザインシステムに取り組むことで一貫性のあるブランディング、プロダクトの品質向上、リリースサイクルの高速化などが期待できます。

一方、小さな組織、小さなプロダクトにデザインシステムは不要かというと、そうでもありません。たった一人で作るプロダクトだとしても、デザインの変更容易性、保守性、一貫性は重要です。むしろリソースが少ないからこそ「作業」ではなく「考える時間」を確保したいはずであり、「いま作業しておけば未来の自分が助かる」と感じられるならデザインシステムの構築を検討するときです。また、多くのプロジェクトではデザイナーよりもエンジニアの人数が多いため、早めに構築しておけばチーム全体の生産性が向上します。

筆者の場合、プロトタイプフェーズを終えて正式リリースに向けたデザインを制作するタイミングで、組織の規模に関わらず構築を考え始めます。

◉ デザインシステムを始めるには

小さく始める

シンプルな機能であっても、デザイン、実装、コードレビュー、リリースを経てエンドユーザーの元にプロダクトが届きます。このような一連のプロセスにデザインシステムを一斉に適用しようとすると、途方もない作業量や複雑さに直面します。実施できたとしても短期的にはエンドユーザーへの価値提供は限定的で、むしろ変更作業によるバグが発生する可能性が高まります。デザインシステムの構築と適用を小さなスコープで始めることでリスクを最小限に抑えられるだけでなく、その効果を実感しやすくなります。段階的なアプローチで少しずつ基盤を築き上げ、組織全体にデザインシステムをゆっくりと浸透させましょう。

デザインを洗い出す

ヘッダー、フッター、リスト、ボタンなど、既存のプロダクトからUI要素を洗い出し、スクリーンショットを集めてグルーピングします。画面サイズ別のデザインがある場合はサブグループとして細分化し、マーケティング用のバナーデザインや配信メールなども対象とします。エッジケースのみで使用されるUI要素や組織外での制作物など、デザイナーが把握していない内容もあるため、マーケター、エンジニア、マネージャーなど、関係者を巻き込んで実施できると理想的です。異なる視点からの洞察を得られるだけでなく、デザインシステムの考え方をチームで共有するきっかけにもなります。

現状把握する

既存のデザインを整理できれば、考慮が不足しているパターンや改善すべきUXが明確になります。プロダクトの歴史が長いほど集められたデザインに一貫性がないことに驚くでしょう。まずは現在位置を確認することで、次のステップに進みやすくなります。

組織の協力を得る

デザインシステムの構築はプロダクトチームが主導するべきですが、その運用には組織全体の協力が不可欠です。既存デザインの抽出と現状把握は、デザインシステムの重要性を説明する資料として役立ちます。デザインシステムが組織に与える価値やメリットを示すことで、ステークホルダーや経営層に具体的なイメージを持ってもらえます。

スタート地点を見つける

ユーザーインタラクションが発生する「ボタン」は基本的な UI 要素であり、共通コンポーネントとしてデザインシステムに組み込むべきですが、必ずしもボタンから始めるのが最適とは限りません。ボタンはその種類や利用箇所が多いため、コンポーネントの設計や実装には時間と労力がかかる場合があります。組織やプロダクトの規模によって状況は異なるため、リリースまでのプロセスを無理なく完了できるバランスのよいスタート地点を見出してください。

著名な企業のデザインシステムを見てみると、コンポーネントやドキュメントの網羅性に圧倒されます。素晴らしい事例は数多くありますが、最初から大きな成果物を意識する必要はなく、何から着手するのかプロダクトチームで議論することが重要です。例えば、次のような観点で既存のデザインを検証します。

- 複数の同じような色が使われていないか
- 繰り返し使用するのに共通化されていない要素はないか
- アクセシビリティの基準を満たしているか
- コンポーネントのプロパティが実装と近いか

それでも何から始めたらよいか判断できない場合は、機能開発をベースにアプローチすることもできます。例えば「並べ替え機能」の開発が直近のタスクとしてある場合、並べ替えを変更するためのボタン、並べ替えの選択肢、現在の並べ替え方法を示すアイコンなどが必要になるはずです。それぞれの UI 要素には色やタイポグラフィの設定が必要ですし、既存の要素を流用できるかもしれません。小さな機能であっても多くの要素が組み合わさっており、デザインシステムのスタート地点になりえます。

02

Figmaとデザインシステム

⬤ Figmaの特徴

クラウドベース

Figmaはクラウドベースのデザインツールであり、複数のデザイナー、エンジニア、マネージャーが同時にデザインを確認、編集できます。Webブラウザでもデスクトップアプリと同じように操作できるため、環境に依存することなく作業が可能です。

共有とフィードバック

メンバーやステークホルダーへの共有が簡単で、フィードバックを直接コメントできるなど、円滑なコラボレーションのための機能が充実しています。

ライブラリ

コンポーネントなどをライブラリとして公開し、ほかのファイルで再利用できます。ライブラリが更新された場合は各ファイルに通知が送信され、承認すると変更が反映されます。

プロトタイピング

ユーザーインタラクションを検証できます。コンポーネントや画面遷移の挙動をプロトタイプで検証しておけば、デザインの問題点を早期に洗い出せます。

実装との連携

コンポーネントプロパティやバリアブルなど、プログラミングの影響を色濃く受けた機能が搭載されているため、設計次第では実装に使えるコードを生成できます。

エコシステムとプラグイン

コミュニティによって開発されている無数のプラグインが利用可能であり、デザインシステムの構築に役立つ機能を追加できます。また、著名な企業のデザインシステムのファイルが公開されており、構築の際の参考になります。

Memo

ライブラリの利用にはFigmaのプロフェッショナルプラン以上が必要です。本書の解説はプロフェッショナルプランを前提としています。

● Figmaを使う理由

デザインには創造的な側面と機能的な側面があり、Webサイトやモバイル
アプリも例外ではありません。実装方法を考慮せず「何を作るか」にフォー
カスして探究的にオリジナリティを追求する創造的プロセスがある一方で、
「どうやって作るか」を検討し、規約や制限の範囲内でUIを機能させる
思考も必要です。創造的プロセスだけであれば一貫性や保守性が損なわ
れますが、規約や制限ばかりにとらわれたデザインは魅力を欠いてしま
います。Figmaは創造性と機能性の両面にうまく適応したソフトウェアで
あり、デザイナーのクリエイティビティを妨げることなく、プロダクト品質
の維持を可能にしてくれます。コンポーネント、スタイル、バリアブルな
どの機能は品質向上のためのルール設定と言えますが、そのルールから
外れる方法も常に用意されています。デザイナーはFigmaを通じて規約
と自由の両方を享受し、デザインを中心としたプロダクト開発の仕組みを
構築できます。

世界中のプロフェッショナルに愛されるFigmaですが、デザイナー以外
の誰もが簡単に扱えるのもよい点です。Webブラウザさえあれば始めら
れるため、プロダクトチーム全員がデザインファイルにアクセスし、確認
や編集を行えます。拙著『Figma for UIデザイン』では、その基本的な使
い方からプロトタイピング、エンジニアへのハンドオフまでを解説しまし
た。本書では応用的な機能をデザインシステムの文脈でさらに深掘りし
ます。コンポーネントやオートレイアウトを使わなくてもUIデザインを作
成できますが、デザインシステムは構築できません。再利用可能な要素
を誰もが使えるようにライブラリとして公開した上で、使用時のルールを
明確にするにはFigmaのようなツールが必要です。

新しいツールの習得には時間を要しますが、Figmaは直感的かつ論理的
であり、費やした時間を遥かに超えるような生産性を手に入れられるはず
です。

● 本書の対象範囲

本書はFigmaを用いてデザインシステムの構築方法を解説するチュートリ
アルです。そのため、中心となる題材は「スタイルガイド」と「パターンラ
イブラリ」であり「デザイン原則」や「ライティングガイド」については解説
しません。実装コードと連携するための方針は解説しますが、プログラミ
ングを習得することはできません。また、より具体的なFigmaの使用方
法に焦点を当てており、組織論やチーム体制についての説明は最小限に
留めています。

デザインシステム全体

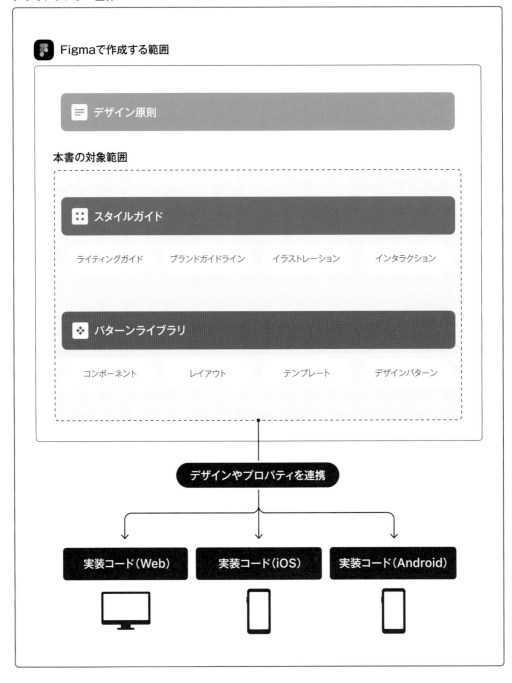

Figmaで作成する範囲

デザイン原則

本書の対象範囲

スタイルガイド

ライティングガイド　　ブランドガイドライン　　イラストレーション　　インタラクション

パターンライブラリ

コンポーネント　　　　レイアウト　　　　テンプレート　　　デザインパターン

デザインやプロパティを連携

実装コード（Web）　　実装コード（iOS）　　実装コード（Android）

Chapter 2

プロフェッショナルな Figma

同じように見えるデザインも、作り方によってその後の生産性が大きく変わってきます。まずはデザインシステムに必要な Figma の応用テクニックをしっかりと身につけましょう。

01

学習の準備

◉ 作例ファイル

作例ファイルを開始点として機能の解説を進めます。Figmaにログインしたあと、以下のURLにアクセスしてください。

Design System Starting Point
🔗 https://www.figma.com/community/file/12709704090186068 98/

[Figmaで開く]をクリックして作例ファイルを複製します。複製されたファイルはご自身の環境に保存されるため自由に編集できます。ファイル名を『Design System』に変更してください。

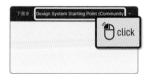

複製されたファイルは「下書き」に保存されていますが、下書きにある状態ではライブラリ機能を利用できません。あらかじめプロジェクトに移動しておきましょう。[F] > [ファイルに戻る]をクリックして、ファイル一覧を表示します①。[下書き]の作例ファイルをドラッグして任意のプロジェクトに移動してください②。

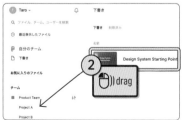
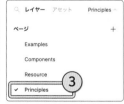

このファイルには複数のページが存在します。画面左上から[Principles]ページを選択すると③、デザイン原則のサンプルを確認できます。

● CSSの理解

まずはオートレイアウトの理解を深めます。オートレイアウトを使わなくてもUIデザインを制作できるのは間違いないのですが、本書では真逆の考え方を採用します。つまり、オートレイアウトは必ず使用すべきものであり、一部の例外を除いて、配置されるすべてのフレームにオートレイアウトを適用すべきだと考えます。極端に聞こえるかもしれませんが、実装を考慮したUIデザインを制作するには最適な方法です。

そして、オートレイアウトをマスターするには「ボックスモデル」と「フレックスボックス」の理解が欠かせません。CSSに登場する概念ですが、iOSやAndroidのアプリにおいても、似たような考え方でレイアウトできます。これらを理解してデザインに落とし込むことで、デザインの変更容易性が高まるだけでなく、実装との親和性も自然と高まります。コードを書く必要はありませんが、基本的な概念を頭に入れておきましょう。

ボックスモデル

ボックスモデルとは、画面に配置されるすべての要素を長方形のボックスとして扱い、それらを積み上げることで全体を構成する考え方です。ボックスは、内側からコンテンツ、パディング、ボーダー、マージンのように構成されます。Figmaではオートレイアウトを使うことでボックスモデルを再現できますがマージンは扱われません。

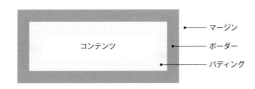

オートレイアウトの初期設定ではボーダーの幅が無視され、左のようになります。オートレイアウトの詳細設定から[線]を[レイアウトに含まれる]に変更すると、CSSのボックスモデルを正確に再現できます（右）。デザインにボーダーを使用する際には注意してください。

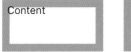

FigmaでCSSのボックスモデルを再現してみましょう。作例ファイルの
[Examples]ページを開いてください①。ページが表示されていない場
合は、ページ切り替えメニューをクリックします②。[CSS 1]にはオート
レイアウトが適用されたフレームが配置されています③。

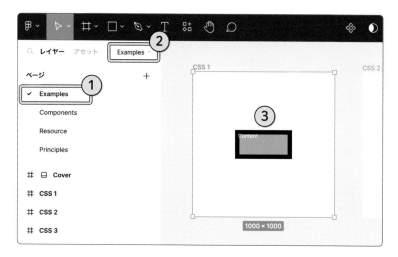

フレームを選択した状態で、オートレイアウトセクションの […] をクリック
し④、[線]のメニューから[レイアウトに含まれる]を選択します⑤。ボー
ダーの幅が考慮され、ボックスモデルが再現された状態になります⑥。

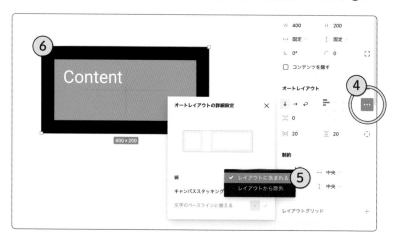

オブジェクトの検索

[CSS 1]が見つけられない場合、Macであれば ⌘ F 、
Windowsは ctrl F を押して検索してください。検索結
果をクリックすると対象のオブジェクトへジャンプします。
esc を押すと検索モードを解除できます。

ブロックとインライン

CSSのボックスには「ブロック要素」と「インライン要素」の2種類があります。ブロック要素は配置されている領域の幅いっぱいに広がり、縦方向に並びます。一方、インライン要素は左から右に詰めて表示されます。ブロック要素の幅は明示的に指定できますが、インライン要素の幅はコンテンツ、パディング、ボーダーを合算した値となります。

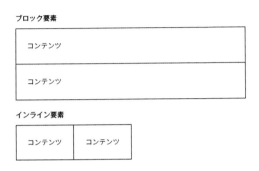

以下のURLでCSSの挙動を確認できます。

🔗 https://codepen.io/shunwitter/pen/QWzWXGP/

CSSにおいて、ブロック要素とインライン要素は互いに切り替え可能です。見出しを表示する<h1>、<h2>、<h3>、パラグラフの<p>、領域を分割する<div>や<section>などは初期状態でブロック要素とされています。リンクテキストを表示する<a>、テキストを強調する<strong>、インタラクティブな<button>、<input>、<select>などはインライン要素です。Figmaでは、後述する「サイズ調整」を使ってブロック要素とインライン要素の挙動を再現します。

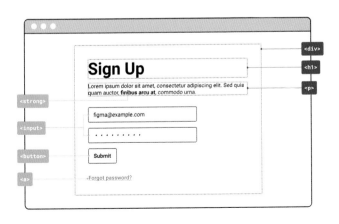

フレックスボックス

ブロック要素は縦方向に積み重なりますが、レイアウトによっては横方向に並べる必要があります。そのような場合、CSSでは「フレックスボックス」を使用します。複数のブロック要素を囲んでいる「親の要素」に設定を行えば、その中に含まれる「子要素」が左から右に並びます。フレックスボックスは、子要素のサイズ、並び順、整列方法、折り返しなどを柔軟に設定できる特徴があります。フレックスボックスを使った下図のようなレイアウトは、オートレイアウトでも再現できます。

Memo

前頁と同じURLでフレックスボックスの挙動を確認できます。

横並び

横並び（右揃え）

間隔を空けて配置

スペースを埋めるように配置

折り返す

Figmaのオートレイアウトは、単一要素としてのボックスモデルと、親要素が子要素の配置をコントロールするフレックスボックスをデザインツール上で再現しています。オートレイアウトでCSSを完全に再現できるわけではありませんが、CSSの考え方を理解しておけばオートレイアウトをマスターする近道になります。

⊙ CSSをFigmaで再現

Figmaのオートレイアウトは、要素の配置方法を数値でコントロールする機能ですが、「サイズ調整」の設定と組み合わせることでその真価を発揮します。

サイズ調整は、デザインパネルの［幅］と［高さ］付近に配置されており、水平方向①と垂直方向②の設定があります。サイズ調整は、「オートレイアウトを適用しているフレーム」か「オートレイアウトの子要素」に対してのみ設定可能で、それぞれ設定できる値が異なります。

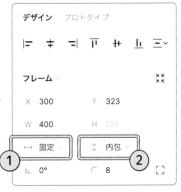

オートレイアウトを適用しているフレーム

親要素を選択している状態では、［固定幅］か［コンテンツを内包］を設定できます。

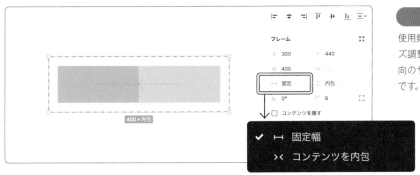

Memo

使用頻度の高い水平方向のサイズ調整を解説しますが、垂直方向のサイズ調整も使い方は同じです。

オートレイアウトの子要素

子要素を選択している状態では、［固定幅］か［コンテナに合わせて拡大］を設定できます。

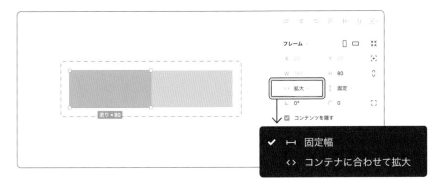

● 親要素のサイズ調整

オートレイアウトの親要素とは、オートレイアウトを適用しているフレームそのものです。親要素は何かしらの子要素を持っているため、それらを内包するようにサイズを自動調整するか（コンテンツを内包）、子要素と関係なくサイズを固定するか（固定幅）をサイズ調整で切り替えます。「制約」に従わせたい場合も［固定幅］を指定します。

Memo

制約とは、要素の基準点を変更し、位置やサイズを動的に変化させる機能です。オートレイアウトの目的と似ていますが、複雑な設定はできません。

固定幅

下図は、親要素と子要素の［水平方向のサイズ調整］を［固定幅］に設定し、子要素①の幅を拡大した例です。親要素は特定のサイズで「固定」されているため、子要素②がフレームからはみ出しています。

コンテンツを内包

親要素の［水平方向のサイズ調整］が［コンテンツを内包］であれば、親要素のサイズは子要素に依存します。従って、子要素①を拡大すると親要素の幅が広がります。子要素②の幅は変わりません。コンテンツ、パディング、ボーダーによって親要素の幅が決定するため、CSSのインライン要素を再現していると言えます。

作例ファイルの［CSS 2］にオートレイアウトを適用した2つのオブジェクトを配置しておきました。それぞれの子要素を左右にドラッグし、［固定幅］と［コンテンツに内包］の挙動の違いを確認してください。

● 子要素のサイズ調整

オートレイアウトの子要素では、親要素のスペースを埋めるか（コンテナに合わせて拡大）、埋めないか（固定幅）をサイズ調整で切り替えます。親要素のサイズ変更に応じて、子要素のサイズを変えたい場合は［コンテナに合わせて拡大］を選択します。

固定幅

子要素のサイズ調整に［固定幅］を指定すると、親要素のサイズを変更したとしても子要素①と②のサイズに影響を及ぼしません。

コンテナに合わせて拡大

子要素のサイズ調整に［コンテナに合わせて拡大］を指定すれば、親要素のサイズを拡大縮小する際、それに応じて子要素①と②のサイズも拡大縮小します。親要素のスペースを埋めるように子要素のサイズが変わるため、CSSのブロック要素を再現していると言えます。

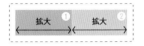 

組み合わせ

子要素の［固定幅］と［コンテナに合わせて拡大］は組み合わせ可能です。例えば、子要素①に［コンテナに合わせて拡大］、子要素②に［固定幅］を指定した状態で親要素を拡大します。このとき、子要素②のサイズは固定されているため、子要素①のサイズのみ拡大されます。右端に固定したい要素がある場合に便利なテクニックです。

作例ファイルの［CSS 3］に、上記3つのパターンを配置しています。親要素の幅を拡大縮小し、子要素の幅がどのように変化するか確認してください。

02 オートレイアウト

単一要素としてのボックスモデルと、親要素が子要素の配置をコントロールするフレックスボックスの考え方を頭に入れた上で、オートレイアウトでUIを改善してみましょう。

作例ファイルの[Examples]ページを開き、[AutoLayout 1]フレームを確認してください。[Card]レイヤーが2つ配置されています。よくあるカード風のUIですが、左側がオートレイアウト適用前、右側が適用後です。

それぞれの[Card]の右端をドラッグし、見た目がどのように変化するのか確認しましょう。オートレイアウト適用前のデザインでは、以下のような問題に気づくはずです。

幅を260pxまで縮小した時：

- 写真がフレームに収まっていない。
- 写真右側の角の半径がなくなる。
- 右上のハートアイコンが表示されない。
- レビュースコアの数字が表示されない。

幅を400pxまで拡大した時：

- フレームを拡大しても中身のサイズが変わらないため、右側に大きな余白ができる。

Memo

変更を取り消すには「元に戻す」のショートカットを実行します。取り消した内容を復元するには「やり直す」を実行します。

Shortcut

元に戻す

Mac	⌘ Z
Win	ctrl Z

Shortcut

やり直す

Mac	shift ⌘ Z
Win	shift ctrl Z

サイズ変更に対応できるよう、カードのUIにオートレイアウトを適用しましょう。作例ファイルの［AutoLayout 2］フレームを確認してください。オートレイアウト適用前の［Card］が配置されています。以降この章が終わるまで、この［Card］を編集しながら解説を進めます。解説の通りに進むことができれば、［AutoLayout 2］を使い続けてください。

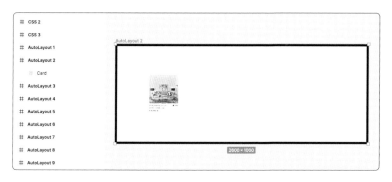

確認用として、各ステップ完了後の［Card］も格納しています。解説の通りに進まない場合、これらの［Card］を使用することで該当箇所をスキップして読み進められます。

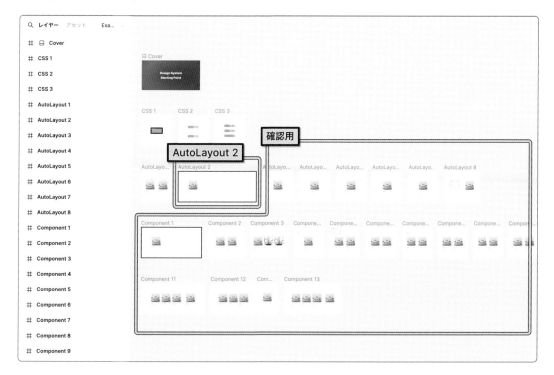

⚫ オートレイアウトの適用

[Card]レイヤーの子要素には[Body]と[Thumbnail]があり、それぞれ
4px内側に配置されています。まずは[Card]フレーム全体を選択して①、
オートレイアウトを適用してください②。

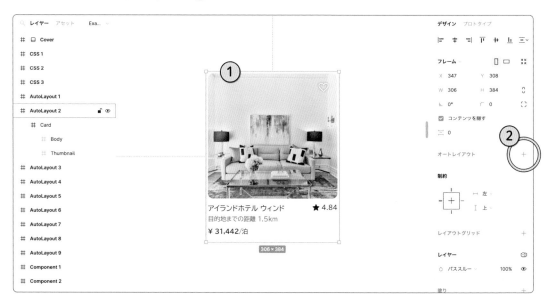

オートレイアウトを適用しただけですが、必要な設定が自動的に完了して
います。子要素である[Body]と[Thumbnail]を縦方向に並べる設定が
されており③、水平方向のパディングは[4]④、垂直方向のパディング
にも[4]が入力されています⑤。

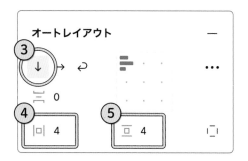

Shortcut		
オートレイアウトの追加		
Mac	shift	A
Win	shift	A

[Body]と[Thumbnail]がブロック要素であれば、親要素の幅いっぱいに広がる性質があるはずです。レイヤーパネルで[Body]と[Thumbnail]を同時に選択し⑥、右パネルから[水平方向サイズ調整]を[コンテナに合わせて拡大]に変更してください⑦。

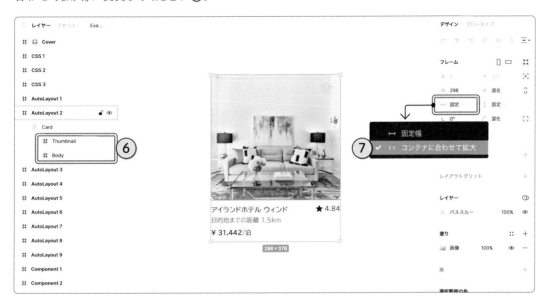

親要素である[Card]を選択して水平方向に広げてみると、サイズ変更に応じて[Body]と[Thumbnail]も広がります。子要素が縦方向に積み重なり、幅いっぱいに広がるブロック要素の挙動を再現できました。[Body]の中身は固定されたままですが、後ほど解決します。

Memo

shift を押しながらレイヤーを選択すると、複数同時に選択できます。

◉ 横方向のレイアウト

[Body]の子要素をレイヤーパネルで確認すると、現状ではすべてのレイヤーが並列であり階層構造がありません①。これらの子要素を図のようにグルーピングすることで、HTMLのように構造化しましょう。

[Price]、[Distance]、[Name]を同時に選択し②、 shift A を押すと、新たなフレームが作成されてオートレイアウトが適用されます。レイヤー名をダブルクリックし、名前を[Left]に変更してください。

同様に、[Score]と[Icon/Star]を選択してオートレイアウトを適用します③。作成されたフレームの名前は[ReviewScore]としましょう。

これで[Body]の子要素は[Left]と[ReviewScore]の2つです④。これらを横方向に並べることでCSSのフレックスボックスを再現します。[Body]にオートレイアウトを適用してください。

Memo

オートレイアウトはデザインパネルからでも適用できますが、頻繁に使用するためショートカットを覚えましょう。

Shortcut

オートレイアウトの追加

| Mac | shift A |
| Win | shift A |

横方向に並ぶオートレイアウトを適用できましたが、この状態で［Card］全体を広げると下図のようになります。［Body］のサイズ調整は［コンテナに合わせて拡大］になっており幅いっぱいに広がりますが、その子要素である［Left］と［ReviewScore］に変化はありません。

これを解決するには、サイズ変更に応じて［Left］のフレームを幅いっぱいに広げるような設定が必要です。［Left］を選択して［水平方向サイズ調整］を［コンテナに合わせて拡大］に変更してください⑤。

改めて［Card］全体を水平方向に拡大してみてみましょう。拡大に応じて［ReviewScore］が右に移動するはずです。確認できたら［Card］の幅を元の306pxに戻してください。

オートレイアウトが入れ子になっている複雑な構造ですが、以下のように順を追って考えると理解しやすくなります。

- ［Card］の幅が広がる。
- ［Card］に応じて［Body］の幅も広がる。
- ［Body］に応じて［Left］の幅も広がるため、それに押し出される形で［ReviewScore］が右に移動する。

Memo

［Left］は［Body］のサイズに依存しており、［Body］は［Card］のサイズに依存しているとも言えます。このように、親要素のサイズに依存する設定が［コンテナに合わせて拡大］です。

Sample Frame

このステップ完了後の［Card］は以下のフレームで確認できます（作業に問題がなければ参照する必要はありません）。

⯃ AutoLayout 3

● 縦方向のレイアウト

[Left]を作成した時点で、3行のテキストが等間隔に並んでしまいました。価格は性質が異なる情報のため、デザインの「近接の原則」に従って位置を調整しましょう。

[Name]と[Distance]を選択し、 shift A でオートレイアウトのフレームを作成します①。レイヤー名は[Information]に変更し、オートレイアウトの間隔は[2]に設定してください②。

親要素である[Left]のオートレイアウトの間隔を[4]に変更します③。若干ですが情報と価格の間に余白が生まれ、関連性の高さで要素をグルーピングできました。

修正した[Body]はレイヤーが構造化されており、実装時の参考になります。すべてのレイヤーが並列である場合、サイズ変更にどのように対応するのか判断できない上、UIの構造をエンジニアに丸投げすることになります。Figmaのレイヤー構造やオートレイアウトの設定はそれ自体がドキュメントのような役割を果たし、エンジニアとのコミュニケーションを円滑にしてくれます。

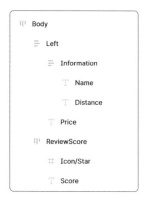

Sample Frame

\# AutoLayout 4

● テキストの分割

現在の[Distance]と[Price]はそれぞれ単一のテキストオブジェクトです。見た目上は問題ないのですが、細分化することでUIの構造をさらに改善できます。例えば、[Distance]は「目的地までの距離」が固定の文字列なのに対して「1.5km」は動的に変化します。[Price]は「31,442」が動的に変化するだけでなく、他国の通貨をサポートする場合は「¥」を変更する必要があります。このように、目的や性質によってテキストオブジェクトを分割しておくことで、それぞれのレイヤーに固有の名前がつけられ用途が明確になります。

テキストオブジェクトを分割する前にオートレイアウトを適用しておきましょう。[Distance]を選択して shift A を押します。新しく作成されたフレームの名前は[DistanceToLocation]にします①。オートレイアウトの方向は →、間隔は[4]としてください②。

Memo

レイヤー名の付け方はP54で解説しています。

[Distance]を複製し、先頭にあるテキストのレイヤー名を[Label]にします③。それぞれのテキストオブジェクトから重複している文字を削除し、「目的地までの距離」と「1.5km」に分割しました④。

Shortcut

オブジェクトの複製

Mac	⌘	D
Win	ctrl	D

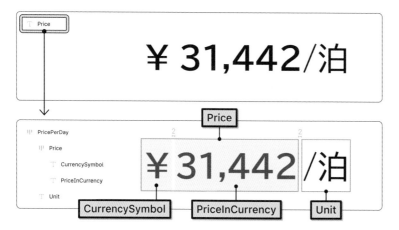

[DistanceToLocation]と同じ手順を繰り返して[Price]も細分化してください。詳しい説明は省略しますが、最初に「¥ 31,442」と「/泊」を分割し、その後に「¥ 31,442」を「¥」と「31,442」に分割します。レイヤーは2段階の入れ子になっており、[PricePerDay]と[Price]のオートレイアウトの設定は方向を→、間隔を[2]します。

[DistanceToLocation]と[PricePerDay]は、[水平方向のサイズ調整]を[コンテナに合わせて拡大]に変更しておきましょう。親要素の幅いっぱいに広がるブロック要素を再現できます。

Sample Frame

井 AutoLayout 5

Google Sheets Sync

分割したテキストを活かしてデザイン作業の効率化も考えられます。例えば「Google Sheets Sync」というプラグインを使うと、スプレッドシートで管理しているテキストデータをデザインに流し込めます。この際、スプレッドシートのセルとFigmaのレイヤーが対応するため、テキストの役割ごとにレイヤーが独立していると最適です。

https://www.figma.com/community/plugin/735770583268406934/

● テキストの省略

現状では、テキストが長い場合や[Card]の幅が狭い場合に、テキストがほかの要素に重なってしまいます。テキストを省略してこの問題を解決しましょう。

まずは[Information]の[水平方向のサイズ調整]を[コンテナに合わせて拡大]に変更します①。続けて、子要素である[Name]にも[コンテナに合わせて拡大]を設定してください②。見た目は変わりませんが、親要素の拡大縮小に追従するようになりました。

次に[Name]を選択し、テキストセクションの　…　から[テキストを省略]を　A…　に切り替えます③。この状態で長いテキストを入力すると、自動的に省略され右端に「…」が表示されるはずです④。

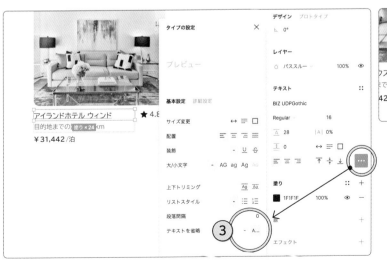
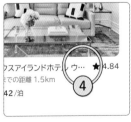

Sample Frame

AutoLayout 6

◉ 最小最大幅

最小幅と最大幅を使うと、フレームの幅に制限を設けられます。オートレイアウトのためだけの機能ではありませんが、オートレイアウトと非常に相性のよい機能です。

ここまで作業してきた[Card]は、サイズ変更に柔軟に対応できるデザインになっていますが、UIとして成立するサイズには限度があります。例えば、右図のような状態は適切ではありません。[Name]はほとんど隠れてしまっており、目的地までの距離もフレームからはみ出しています。あらかじめ制限を設けることで適切なデザインを維持しましょう。

[Card]を選択し、幅のドロップダウンメニューから[最小幅を追加...]をクリックすると設定が表示されます①。[244]と入力して enter を押してください②。

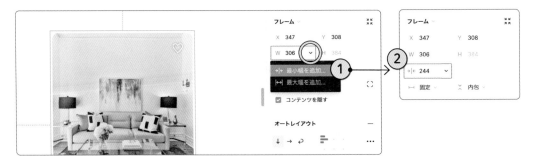

幅のアイコンが |w| に変更されており、マウスオーバーするとキャンバス上に最小幅が表示されます③。これで[Card]の幅は244pxより小さくできなくなりました。最小幅を変更するには |w| をクリックするか、ドロップダウンメニューから[最小幅]を選択します④。

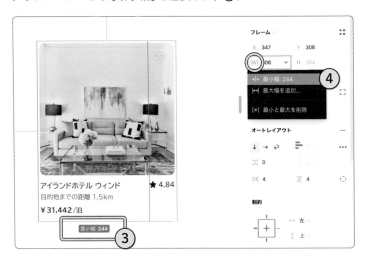

Sample Frame

⌗ AutoLayout 7

⬤ 縦横比率の維持

［Thumbnail］はブロック要素を再現しており、［Card］の幅いっぱいに広がっています。そのため、［Card］の幅が変われば［Thumbnail］の幅も変わり、画像の縦横比率も変わることになります。これが意図通りであれば問題ないのですが、デザインによってはサムネイル画像の縦横比率を変えたくない場合があります。現在のFigmaには画像の縦横比率を維持する機能がないため、オートレイアウトを応用して実現するテクニックを紹介します。

［AutoLayout 8］フレームに［AspectRatioSpacer］という特殊なオブジェクトを配置しておきました。このオブジェクトを水平方向に拡大すると、縦横比率を維持するように高さも拡大します（垂直方向への拡大には対応していません）。このオブジェクトを使って［Thumbnail］の縦横比率を維持してみましょう。

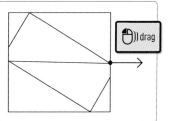

［Thumbnail］の子要素として、最下部に［AspectRatioSpacer］を配置します①。［AspectRatioSpacer］の大きさは［Thumbnail］と一致しており、ぴったりと収まるはずです。誤ってドラッグすることがないよう、レイヤーをロックしておきましょう②。

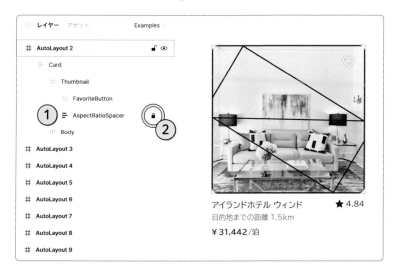

Memo

［Card］の幅を変更している場合は、［Card］を選択して［W: 306］に戻してから作業してください。

Memo

このテクニックは、オートレイアウトを利用した「ハック」であり、なぜ縦横比率を維持できるのかを気にする必要はありません。

［Thumbnail］を選択してオートレイアウトを適用します③。このとき、［水平方向のサイズ調整］は［コンテナに合わせて拡大］、［垂直方向のサイズ調整］は［コンテンツを内包］になっているはずですが、そうでない場合は変更してください④。

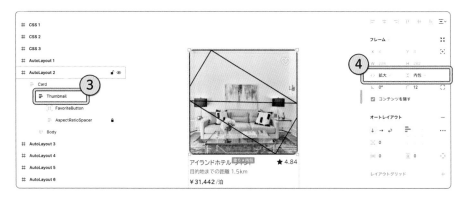

子要素である［AspectRatioSpacer］を選択し、［水平方向のサイズ調整］を［コンテナに合わせて拡大］に変更します⑤。

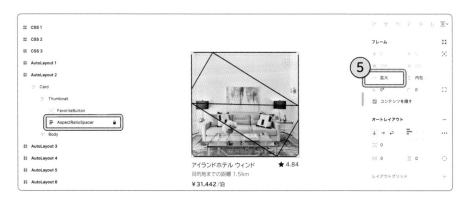

［Card］を選択し、水平方向に拡大縮小してみてください⑥。写真の縦横比率が維持されながら全体のサイズが変わるはずです。［AspectRatioSpacer］は縦横比率が維持されており、そのオブジェクトを内包するように［Thumbnail］の高さが調整されるため、結果的に［Thumbnail］も縦横比率が維持されます。

Memo

垂直方向へのサイズ変更には対応していません。また、自動的に高さが決まるため、［H］の値が小数になる場合があります。

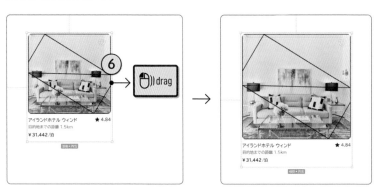

最後に、［AspectRatioSpacer］レイヤーの不透明度を［0%］にしてデザインから消してしまいます⑦。レイヤーパネルの👁で非表示にすると［AspectRatioSpacer］の効果が消え、縦横比率が維持されなくなるので注意してください。

Sample Frame

⌗ AutoLayout 8

Ratios

［AspectRatioSpacer］は「Ratios」というプラグインで作成しています。プラグインの起動後、フレームを選択して⟦ ⟧をクリックすると縦横比率を算出できます。［Create ratio］を押すと縦横比率を維持するオブジェクトがキャンバスに挿入されます（実際には黒い線は表示されません）。

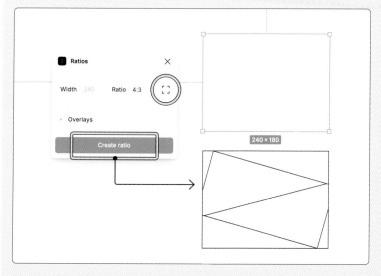

🔗 https://www.figma.com/community/plugin/977155744958829960/

⦿ 絶対位置

[Thumbnail] にオートレイアウトを適用した際、縦横比率とは別の変化が起こっています。レイヤーパネルを確認すると、[FavoriteButton] のアイコンが ⊞ に変更されていますが①、これは「絶対位置」で配置されていることを意味しています。絶対位置はデザインパネルの ⊡ をクリックして切り替えられます②。

絶対位置はオートレイアウトのルールから外れるための設定です。通常、オートレイアウトが適用されているフレームの子要素は、設定された方向に沿って自動的に並びます。絶対位置を有効にするとオートレイアウトの外にあるように扱えるため、XY座標を指定して任意の位置に配置できます。また、制約も設定可能になります。

Memo

制約とは、要素の基準点を変更し、位置やサイズを動的に変化させる機能です。オートレイアウトの目的と似ていますが、複雑な設定はできません。

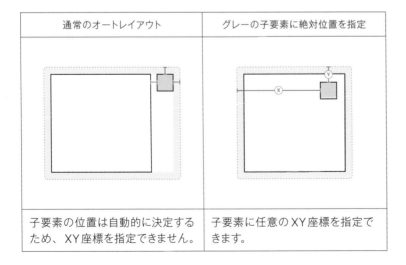

通常のオートレイアウト	グレーの子要素に絶対位置を指定
子要素の位置は自動的に決定するため、XY座標を指定できません。	子要素に任意のXY座標を指定できます。

Figmaはキャンバスの状況に応じて自動的に設定を行う場合があります。[Thumbnail] にオートレイアウトを適用した際、[FavoriteButton] はオートレイアウトのルールから外れるべきだと推測され、絶対位置が有効化された形です。

プロフェッショナルなFigma

03 コンポーネント

「コンポーネント」は、UI要素をテンプレート化する機能です。本書では
コンポーネントの基本的な操作方法は最小限に止め、デザインシステム
に適したコンポーネントとは何かを中心に解説します。

[Examples]ページの[Component 1]に配置されている[Card]で解説
を進めます。各ステップ完了後の[Card]は[Component 2]以降に配置
されていますので確認用としてお使いください。

● 基本操作

まずは[Card]をコンポーネントに変換します。[Card]を選択し、Mac
は option ⌘ K 、Windowsは ctrl alt K を押してください。ツール
バー中央の をクリックしても同じ結果になります①。コンポーネント
に変換されると、フレームの外枠が青色から紫色に変わります。

コンポーネントは直接デザインに使用しません。 コンポーネントから「イン
スタンス」を作成し、レイアウトに配置するのが基本的な使い方です。コ
ンポーネントからインスタンスを作成する方法は以下の3通りあります。

	Mac	Windows
コピー&ペースト	⌘C & ⌘V	ctrl C & ctrl V
複製コマンド	⌘D	ctrl D
ドラッグして複製	option を押しながらドラッグ	alt を押しながらドラッグ

Memo

インスタンスは、コンポーネント
にリンクされたコピーであり、コ
ンポーネントへの変更はすべて
のインスタンスに伝播します。

コンポーネントの隣にインスタンスを作成してください②。コンポーネントへの変更はインスタンスに反映されるため、大量のインスタンスを配置していても、一箇所で変更が完結するメリットがあります。

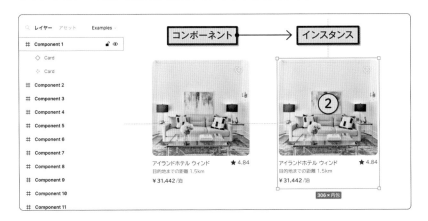

ただし、**Figmaは上書きされたインスタンスの情報をできる限り保持しようとします**。練習として [Card] インスタンスの [Name] を「マイドリームハウス」に上書きしてください③。その後、コンポーネントの [Name] を「サーファーズハウス」に変更します④。この場合、先に作業した上書き情報が優先され、インスタンスには変更が反映されません。

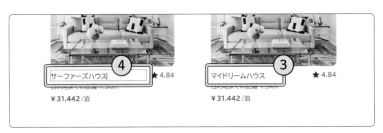

見た目が同じであっても、新しいオブジェクトが追加された場合は上書きが無効になります。コンポーネント側の [Name] を「アイランドホテル ウィンド」に戻してコピーします。そのまま [Name] が選択された状態で、Macは shift ⌘ R 、Windowsは shift ctrl R を押して [貼り付けて置換] を実行してください⑤。

追加されたオブジェクトに対しての上書き情報はインスタンスに存在しないため、コンポーネントの内容がそのままインスタンスに反映されます⑥。その結果、テキストの内容が「アイランドホテル ウィンド」に変更されます。

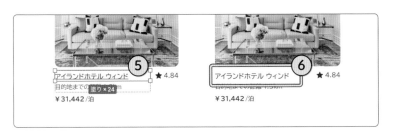

Memo

[貼り付けて置換] は、選択中のオブジェクトをクリップボードの内容で置き換えるコマンドです。

Shortcut

貼り付けて置換

Mac	shift	⌘	R
Win	shift	ctrl	R

Sample Frame

このステップ完了後の [Card] は以下のフレームで確認できます（作業に問題がなければ参照する必要はありません）。

Component 2

⦿ 上書きのリセット

個別のインスタンスの上書き情報を削除するには「リセット」メニューを使います。[Component 3]フレームの[Card]コンポーネントと①、上書きされたインスタンス②を確認してください。

Memo

[Component 3]は解説用であり、以降は使用しません。コンポーネントに関する作業は引き続き[Component 1]を使用してください。

中央の[Card]インスタンスを選択し、右パネルのコンポーネントセクションから[…]クリック、[すべての変更をリセット]を選択してください③。インスタンスの上書き情報が削除され、コンポーネントと同じ状態に戻るはずです。

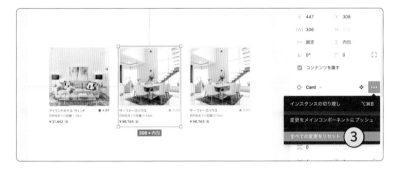

上書き情報は個別に削除することもできます。右側のインスタンスの[Thumbnail]だけを選択し、右パネルから[線のリセット]を選択してください④。水色の線だけが消え、ほかの上書き情報は保持されます。

● インスタンスのネスト

インスタンスのテキストやプロパティは上書き可能ですが、**UIの構造は変更できません**。例えば、どれだけ見た目を上書きしても［ReviewScore］は［ReviewScore］のままです。［ReviewScore］を別のオブジェクトに置き換えたい場合は、コンポーネントの中に**別のコンポーネントのインスタンスを入れ子にする必要があります**。

［Card］コンポーネントの［ReviewScore］をコピーし①、コンポーネントの外で右クリックして［ここに貼り付け］を実行します②。

Memo

入れ子にすることを「ネストする」といいます。

Memo

Macは⌘、Windowsはctrlを押しながら右クリックすると、深い階層にあるオブジェクトを直接選択できます。

貼り付けた［ReviewScore］をコンポーネント化し③、作成したコンポーネントをコピーしましょう。

Shortcut

コンポーネントの作成

Mac	option	⌘	K
Win	alt	ctrl	K

［Card］コンポーネントの［ReviewScore］を選択し④、右クリックから［貼り付けて置換］を実行してください⑤。

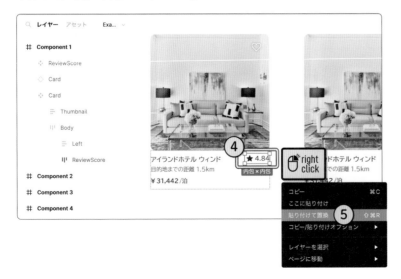

Shortcut

貼り付けて置換

Mac	shift	⌘	R
Win	shift	ctrl	R

［ReviewScore］レイヤーがインスタンスのアイコンに変われば成功です**⑥**。
見た目は変わりませんが、［Card］コンポーネントの中に［ReviewScore］
コンポーネントのインスタンスがネストされた状態です。［ReviewScore］
を入れ替える準備が整いました。

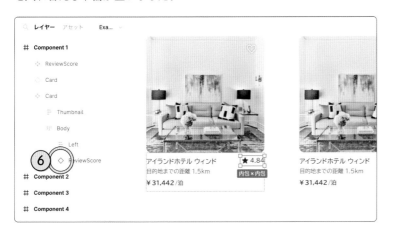

すでにコンポーネントの中にある子要素をコンポーネント化することはで
きません。言い換えると、**コンポーネントはコンポーネントをネストでき
ません。ネストできるのはコンポーネントから作成したインスタンスです。**

そのため、目的の子要素をコンポーネントの外に配置し、コンポーネン
ト化した後に［貼り付けて置換］で元の要素をインスタンスに置き換える必
要があります。複雑なコンポーネントを作成する際に多用するテクニック
です。

Sample Frame

⌗ Component 4

● インスタンスの入れ替え

[Card]は宿泊施設を表示するためのUIですが、新しい宿泊施設にはレビューがついていないため[ReviewScore]を表示できません。代わりに別の要素を表示すると仮定して、[ReviewScore]のインスタンスを入れ替えてみましょう。

[Card]の初期状態は[ReviewScore]を表示する想定のため、[Card]のコンポーネントではなくインスタンスで作業します。[Card]インスタンス内の[ReviewScore]を選択して①、右パネルでコンポーネント名をクリックしてください②。

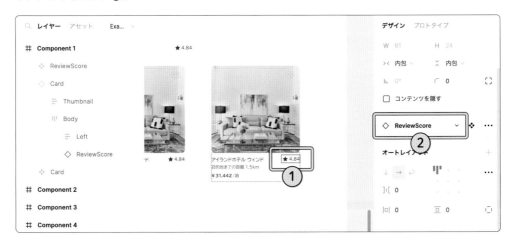

インスタンスの入れ替えパネルが表示され、選択中のインスタンスがハイライトされます③。[Component 1] > [Component 5] > [Badge]の順にクリックしてください④。

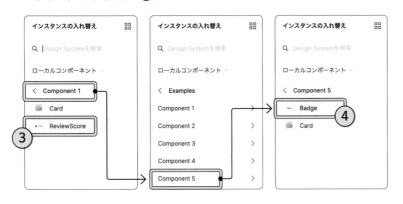

[ReviewScore]が[Badge]のインスタンスに入れ替わり、「New!」と表示されるはずです⑤。

Memo

コンポーネントが配置されているフレームを基準としてナビゲーションが作成されます。この例では、[Component 5]に[Badge]を配置しています。

Sample Frame

Component 5

● コンポーネントプロパティ

「コンポーネントプロパティ」は、コンポーネントに独自のプロパティを追加できる機能です。追加されたプロパティはデザインパネルに表示され、キャンバス上で操作することなくインスタンスを上書きできます。

この作業はコンポーネントに対して行います。［Card］コンポーネントの［Name］を選択し①、テキストセクションの⊕をクリックしてください②。表示されるダイアログで名前に「name」と入力し、［プロパティを作成］を実行します③。

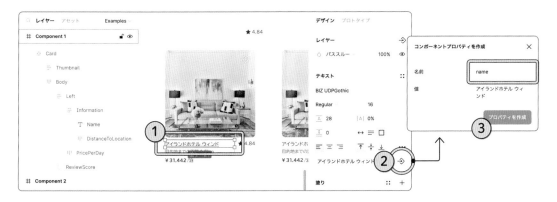

プロパティを上書きできるかインスタンスで確認しましょう。［Card］インスタンスを選択すると、右パネルのコンポーネントセクションに［name］プロパティが表示されます④。値を変更することでインスタンスに反映されるか確かめてください⑤。

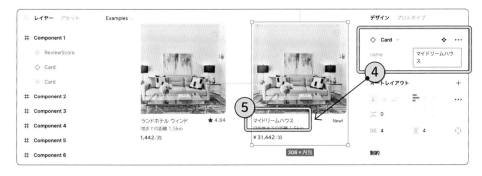

Memo

コンポーネントプロパティの⊕アイコンは、テキストセクションだけでなくレイヤーのセクションにも表示されています。間違えないよう注意してください。

● プロパティの命名規則

適切な名前はコミュニケーションを円滑にしてくれます。Figmaのレイヤー名やプロパティ名は日本語で書くこともできますが、実装との連携を意識して英語で表現しておきましょう。名前をつける時のルールを「命名規則」といい、以下のような内容が含まれます。

記法

例えばJavaScriptライブラリの「React」を使って実装すると仮定します。ReactでUIを実装する場合、プロパティの名前を「キャメルケース」で定義するのがベストプラクティスとされています。**キャメルケースは単語の先頭を大文字にして連結し、最初の1文字を小文字にする記法です。** 本書もこのルールを採用しており、コンポーネントプロパティの名前を「name」としました（1単語なので小文字表記になるだけです）。

> camelCase
> 小文字　　　大文字

一方で、テキストオブジェクトのレイヤー名は「Name」としています。Reactのコンポーネントは一般的に「パスカルケース」で定義されるため、Figmaのコンポーネント名やレイヤー名もそれに合わせています。**パスカルケースは単語の先頭を大文字にして連結する記法です。**

> PascalCase
> 大文字　　　大文字

このようなルールを事前に決めておき、デザインと実装の名前を共通化しておけば、スムーズな連携が可能になります。コンポーネントやプロパティの名前はエンジニアと相談して決定するのが理想的です。これらの機能はプログラミングの考え方をデザインに持ち込んだものであり、実装側のルールを尊重するのが自然だからです。ただしプログラミング言語によって記法が異なるため、デザインシステムが複数のプラットフォームをサポートする場合、どれかひとつに統一するよう注意してください。

英単語

英単語の選択にも注意を払いましょう。例えば、日本語の「宿泊施設」を表現したい場合、「Hotel」、「Accommodation」、「Property」などの候補がありますが、それぞれ以下のような懸念があります。

- Hotel：業態が限定されます。民泊はホテルに含まれるでしょうか。
- Accommodation：記述量が多くスペルミスの可能性が高まります。
- Property：プログラミング用語と混同しそうです。

そのため、「Lodging」という別の単語や、「Accommodation」を短縮して「Accom」とする方針を検討します。このように、名前をつけることは意外にも難しい作業です。命名に迷ったら「ChatGPT」などのAIツールで候補を出してもらう方法もあります。

> **Memo**
>
> 以下は「Airbnb」が定めているJavaScriptの命名規則です。
>
> https://airbnb.io/javascript/react/#naming/

● 意図を伝えるプロパティ

コンポーネントプロパティを使うとインスタンスをデザインパネルで上書きできるようになりますが、これだけでは作業が少し楽になる程度のメリットしかありません。コンポーネントプロパティの本当のメリットは、設計の意図を伝えられることです。

[Card]コンポーネントには、[Name]以外にも動的に変化するテキストがあるはずです。どのテキストが動的なのかは仕様書を確認すれば分かることですが、コンポーネントプロパティを使えばそれらの仕様をデザインファイルに落とし込めます。例として、「距離」、「通貨記号」、「価格」も動的に変化すると想定し、これらのテキストにコンポーネントプロパティを紐づけていきましょう。

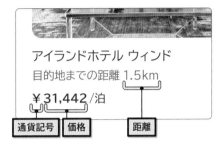

手順は[name]プロパティと同様ですが、すでにコンポーネントプロパティが定義されている場合、テキストセクションの ⬦ をクリックするとメニューが表示されます。[プロパティを作成...]を選択してください。

命名規則に従ってテキストセクションからプロパティを作成した結果が以下です。それぞれ、[distance]、[currencySymbol]、[priceInCurrency]としています。

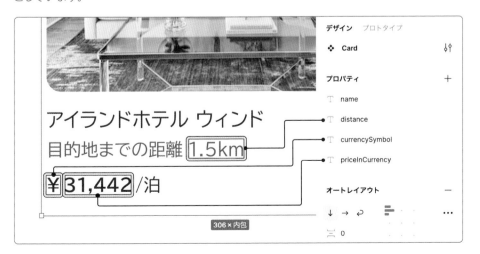

Memo

プロパティの追加は、インスタンスではなくコンポーネントに対して作業してください。

Memo

レイヤーセクションの ⬦ をクリックすると、テキストを上書きするプロパティを作成できません。必ずテキストセクションで作業するよう注意してください。

コンポーネントプロパティにマウスオーバーすると３つのアイコンが表示されます。左側の≡①をドラッグすると順番を入れ替えられます。編集するには右側の⬍②、削除は―③をクリックします。

インスタンスを選択し、右パネルで各プロパティを上書きしてみてください。プロパティを作成することで、どのテキストが動的に変化するのか明確化され、ほかのデザイナーやエンジニアがこのコンポーネントの意図を汲み取りやすくなりました。

Memo
どのテキストにコンポーネントプロパティを紐づけるかは要件次第です。例えば、日本円でしか表示できないプロダクトであれば、通貨記号が変化することはなく、[currencySymbol]は必要ないと判断できます。

このような作業には要件や仕様の理解が必要ですが、プロダクトのデータモデルを把握した上でデザインを作成、共有することが理想的であると筆者は考えています。

Sample Frame

⌗ Component 6

● ネストされたインスタンスのプロパティ

[ReviewScore]にはレビューの点数が表示されていますが、この点数も動的に変化するはずです。ただし[ReviewScore]は**ネストされたインスタンスであり、[Card]コンポーネントのプロパティとしては定義できません。**このような場合、ネストされたインスタンスのプロパティを親要素で表示できるよう設定する必要があります。

まず、[ReviewScore]コンポーネントに新しいプロパティを追加しましょう。[Score]レイヤーを選択し①、テキストセクションの ⇥ をクリックします②。

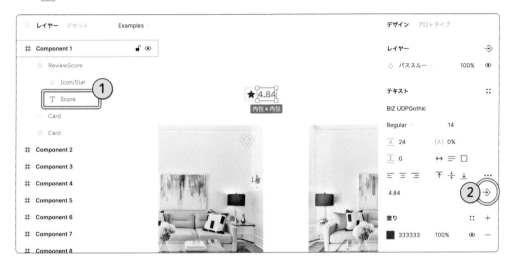

表示されるダイアログで名前に「reviewScore」と入力し、[プロパティを作成]をクリックしてください③。

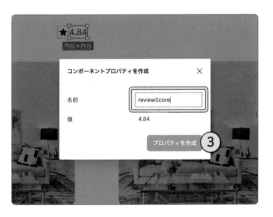

親要素で［ReviewScore］のプロパティを表示する設定を行いましょう。
［Card］コンポーネントを選択した状態で、プロパティセクションの ⊞
から［ネストされたインスタンス］をクリックします④。

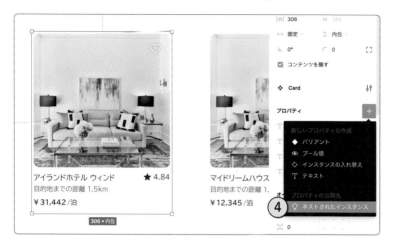

プロパティの公開元パネルで［ReviewScore］にチェックを入れると⑤、
［ネストされたインスタンス］が追加されます⑥。

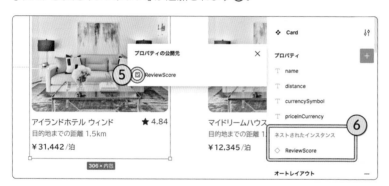

［Card］インスタンスを選択し、コンポーネントセクションの ⋯ から［すべて
の変更をリセット］を実行します⑦。［reviewScore］プロパティが［Card］
に表示され、上書きできることを確認してください⑧。

Memo

［ReviewScore］が［Badge］
に入れ替わっている状態では、
［reviewScore］プロパティが
表示されません。

Sample Frame

\# Component 7

● インスタンスの入れ替えプロパティ

どのテキストが動的に変化するのかは明確になりましたが、UI要素はどうでしょうか。ネストされている[ReviewScore]インスタンスを[Badge]に入れ替える方法を先に解説しましたが、[ReviewScore]を入れ替える仕様があることに気づく人はいません。[Card]のプロパティを変更し、動的に変化するUI要素についても明確化しましょう。

[Card]コンポーネントにネストされている[ReviewScore]を選択し①、コンポーネントセクションの⇨をクリックすると②、「インスタンスの入れ替えプロパティ」を作成できます。

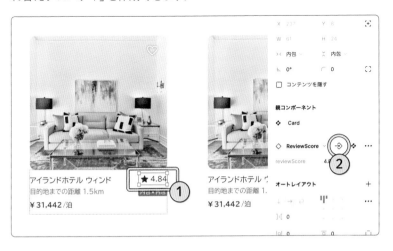

プロパティの名前に「rightColumn」と入力します③。さらに「優先する値」の＋をクリックし④、[Component 5]の[Badge]を探してチェックを入れてください⑤。優先する値に[Badge]が表示されたら、[プロパティを作成]を実行します⑥。

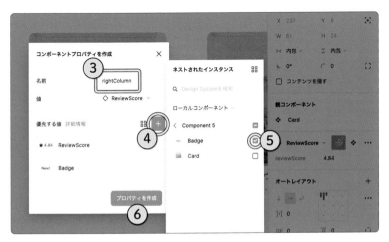

［Card］インスタンスを選択して［rightColumn］プロパティが表示されることを確認しましょう⑦。ドロップダウンメニューを開くと、先ほど指定した「優先する値」が表示されます。［Badge］を選択してインスタンスを入れ替えてみてください⑧。

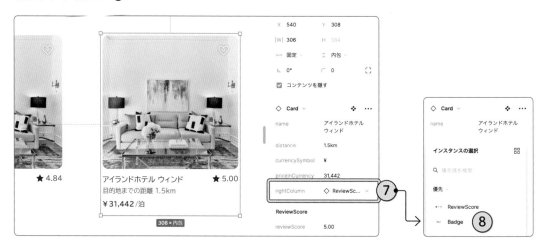

［Badge］を選択した時点で［reviewScore］プロパティが表示されなくなります。［ReviewScore］が表示されていない状態で、そのインスタンスのプロパティの値を上書きしても意味がないからです。

rightColumn：ReviewScore	rightColumn：Badge
name　アイランドホテルウィンド distance　1.5km currencySymbol　¥ priceInCurrency　31,442 rightColumn　◇ ReviewSc... ⌄ ReviewScore reviewScore　5.00	name　アイランドホテルウィンド distance　1.5km currencySymbol　¥ priceInCurrency　31,442 rightColumn　◇ Badge ⌄
［ReviewScore］が指定されると関連するプロパティも表示されます。	［Badge］が指定されるとプロパティは表示されません。

このようにしておくと、動的に変化するUI要素の存在が伝わります。「優先する値」として［ReviewScore］と［Badge］が指定されているため、入れ替える対象も明確です。

Memo

優先する値はインスタンスの選択肢を制限するものではありません。［優先］を［ローカルコンポーネント］に変更すると、優先する値以外も選択可能です。

Sample Frame

⌗ Component 8

◯ 表示／非表示の切り替えプロパティ

公開からしばらくしてもレビューが集まらない場合、［ReviewScore］と［Badge］のどちらも表示しない仕様があると仮定します。このような仕様を表現するには、レイヤーの表示／非表示を切り替えるプロパティを追加します。

［Card］コンポーネントの［ReviewScore］を選択し①、レイヤーセクションの 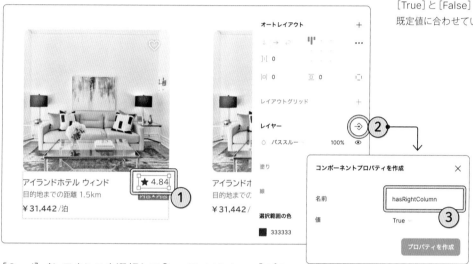 をクリックします②。「hasRightColumn」という名前でプロパティを作成してください③。値は［True］のままとします。

Memo

本書では、プロパティの値をキャメルケースで統一していますが、［True］と［False］は Figma の既定値に合わせています。

［Card］インスタンスを選択して［hasRightColumn］プロパティのトグルスイッチを OFF にすると、［ReviewScore］が非表示になります④。

［ReviewScore］が非表示になると、インスタンスを入れ替える対象がなくなるため［rightColumn］プロパティは表示されません。同じように［reviewScore］プロパティも非表示になります。

コンポーネントを使いやすくするため、プロパティを整理しましょう。まず、[rightColumn]が設定できるかは[hasRightColumn]の値に依存しています。そのため、[hasRightColumn]が上に表示されている方が自然です。[Card]コンポーネントの[hasRightColumn]プロパティをドラッグして順番を入れ替えてください⑤。

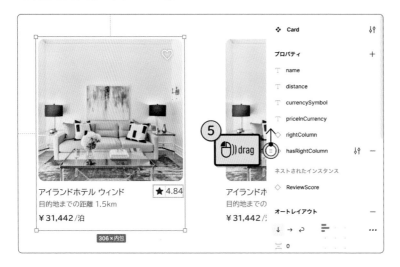

さらに依存関係があることをプロパティ名で表現します。[rightColumn]の⟨⟩をクリックし⑥、名前を[↪rightColumn]に変更しました⑦。

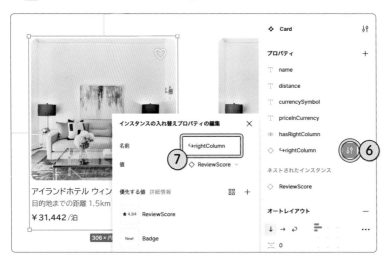

「↪」は、プロパティの設計を分かりやすく伝えるための工夫です。すでに「hasRightColumn」というプロパティ名によって依存関係が表現されているため、必須ではありません。

Memo

「↪」は「やじるし」を変換すると出力できます。「けいせん」を変換して「└」を使う方法もあります。

Sample Frame

⌗ Component 9

● インスタンスのプロパティを簡略化

これまでの作業で、動的に変化する内容がプロパティとして列挙されるようになりました。言い換えると、**プロパティに並んでいない内容は上書きしてほしくありません**。右パネルに表示される項目を省略して、変更できる内容をより明確にしましょう。

［Card］コンポーネントを選択して ▮▮ をクリックします①。［インスタンスをすべて簡略化］にチェックを入れてください②。

設定後に［Card］インスタンスを選択すると、デザインパネルに表示されていた様々な項目が省略されています。ただし上書を禁止しているわけではないため、［プロパティをさらに表示］をクリックして全項目を表示できます③。過度にカスタマイズされたインスタンスは再利用が難しく、コンポーネントのメリットを活かせません。設定項目を隠すことで、想定外の上書きを抑止する対策です。

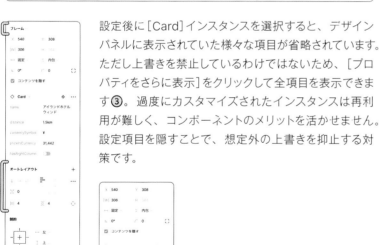

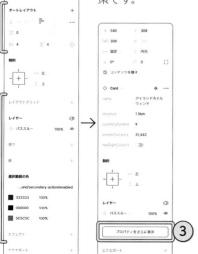

⬤ バリアント

「バリアント」は、任意のデザインに対応するプロパティを作成する機能です。コンポーネントプロパティを使った上書きで実現できない場合に利用され、例えば、以下のようなユースケースがあります。

- UIのインタラクションを表現する
- 異なる配色でデザインのバリエーションを作る
- サイズ違いのデザインを作る

バリアントを使って［Card］コンポーネントのインタラクションを表現してみましょう。通常時、マウスオーバー時、フォーカス時のデザインを作成し、それらをプロパティ経由で切り替えられるよう設定します。

［Card］コンポーネントを選択し、ツールバー中央の ◈ をクリックします ①。コンポーネントが「コンポーネントセット」と呼ばれる特殊なフレームで囲まれます（紫色の点線）。そのままコンポーネントセット下部の ＋ をクリックしてください ②。コンポーネントセットがフレームからはみ出しますが問題ありません。

［Card］コンポーネント内の3つのレイヤーがバリアントです ③。これらのレイヤーは、コンポーネントセットの中身と対応しています。

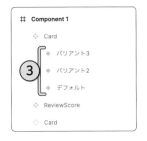

コンポーネントセットにオートレイアウトを適用します。方向は→、間隔とパディングの値をそれぞれ[40]とします④。フレーム内のオブジェクトが重ならないように位置を調整してください。

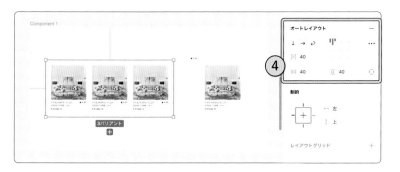

コンポーネントセットを選択し、プロパティセクションに[プロパティ1]が追加されていることを確認してください。🎚をクリックして編集パネルを開き⑤、レイヤーと同じ名前がプロパティの値として登録されていることを確認します⑥。

1

2

3

4

5

6

7

8

プロパティの名前を[state]に変更し⑦、値を[enabled]、[hovered]、[focused]に変更してください⑧。値の変更に応じてレイヤーの名前も更新されます。

Memo

プロパティの名前や値をクリックすると編集できます。入力した値は即時に保存されるため、決定ボタンなどはありません。

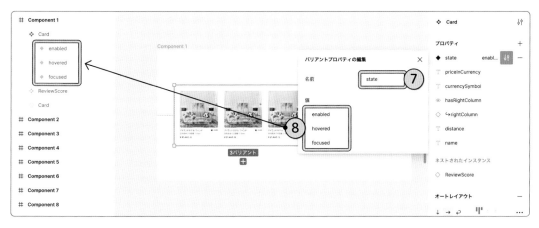

命名規則

コンポーネントプロパティと同じように、バリアントプロパティも命名規則
が重要です。[Card]の「状態」を表すプロパティ名を[state]としています
が、今後ほかのコンポーネントでインタラクションを表現する際も[state]
に統一するべきであり、値についても同様です。そのほかのインタラク
ションを含めて下表のようにルール化しておきましょう。

state	enabled	hovered	pressed	focused	disabled
状態	通常時 （有効な状態）	マウスオーバー時	押下時	フォーカス時	無効時

03 各バリアントのデザイン

バリアントは作成できましたが、現状ではすべての見た目が同じです。
[hovered]に対応するバリアントにドロップシャドウエフェクトを追加し、
マウスオーバー時の状態を表現しましょう。

中央のバリアントの[Thumbnail]を選択し、エフェクトセクションの⊞を
クリックします①。 ※ からパネルを開き、ドロップシャドウの設定を[B：
20]、[Y：8]②、不透明度を[15%]に変更してください③。

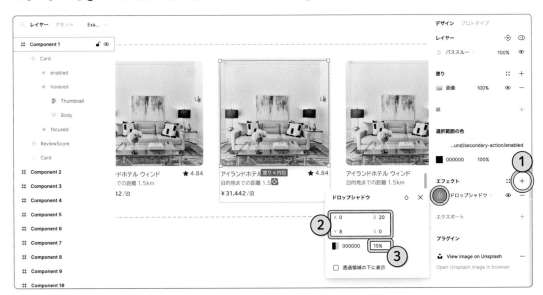

ドロップシャドウが途中で切れている場合④、
[hovered]のバリアント全体を選択して右
パネルから[コンテンツを隠す]のチェックを
外してください⑤。

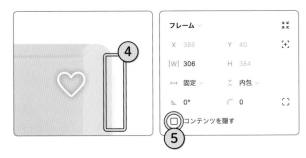

［focused］に対応するバリアントも見た目を変更しましょう。バリアント
のフレームに線を追加し、線幅を［2］、色を［#474747］に変更してくだ
さい⑥。

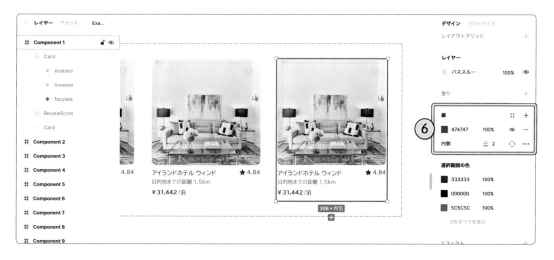

［Card］インスタンスを選択し、［state］プロパティを変更してデザインが
切り替わることを確認します⑦。

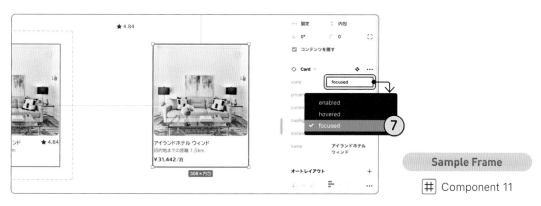

線の設定

ボックスモデルを再現するオートレイアウトの線の設定
は［レイアウトに含まれる］だと解説しましたが（P26を
参照）、その設定では線幅の分だけ［Thumbnail］が
縮小されてしまいます。インタラクション発生時にレイ
アウトが変わってしまわないよう、線の設定は［レイア
ウトから除外］を選択したままにしてください（CSSで
もこの挙動を再現できます）。

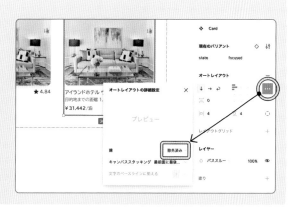

● インタラクティブコンポーネント

バリアント同士をつなぐと「動く」UIを作成できます。ユーザーのアクショ
ンに反応するコンポーネントは「インタラクティブコンポーネント」と呼ば
れ、動作イメージを共有するのに最適な方法です。

[enabled]に対応するバリアントを選択し、[プロトタイプ]タブを開きま
しょう①。バリアントの右端に表示される ⊕ をドラッグし、[hovered]
のバリアントにつなぎます②。

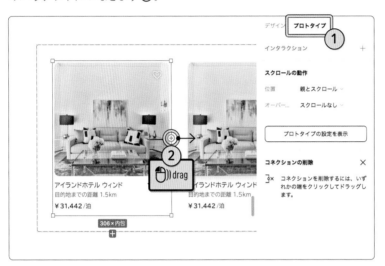

バリアントをつなぐ矢印の下にパネルが表示されます。[クリック時]と表
示されているメニューは、インタラクションのきっかけとなる「トリガー」
です③。[マウスオーバー]に変更してください。[即時]と表示されてい
るメニューはアニメーションです④。こちらは[スマートアニメート]に変
更しましょう。

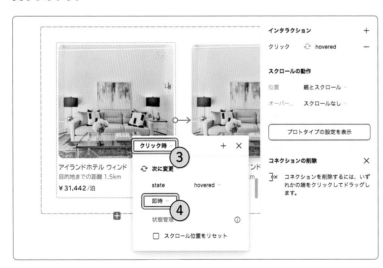

変更後のパネルは下図のようになります。［スマートアニメート］は前後のバリアントを比較して自動でアニメーションさせる設定です⑤。［300 ms］はアニメーションの所要時間であり、0.3秒を意味しています⑥。

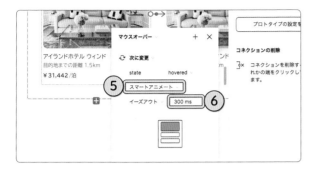

「Preview」という名前で新規にフレームを作成し、インスタンスを配置してください。コンポーネントセットからインスタンスを作成するには、［enabled］のバリアントをコピーし⑦、任意の場所を右クリックして［ここに貼り付け］を実行します⑧。

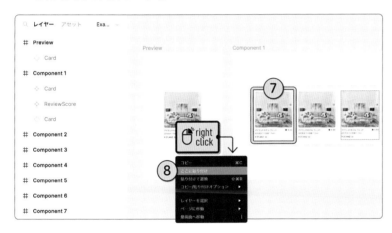

［Preview］フレームを選択した状態で shift space を押し、プロトタイプのプレビューを開きます。マウスオーバーに反応してドロップシャドウが表示されたら成功です⑨。

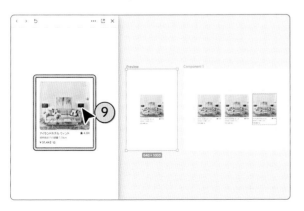

Memo

プレビューを正しく表示するには、トップレベルフレームを選択する必要があります。インスタンスを選択した状態では表示できません。

Sample Frame

\# Component 12

\# Component 12-2

● コンポーネントの説明

コンポーネントには、目的や使い方を説明するためのテキスト情報を付与できます。コンポーネントセットを選択し、コンポーネントセクションにある 🎚 をクリックしてください①。見出し、リスト、リンク、コードブロックなどのフォーマットを利用して、このコンポーネントに関する説明を書いてみましょう②。別の場所でドキュメントを管理している場合はURLを入力します③。

Memo

説明の入力はマークダウンに対応しています。

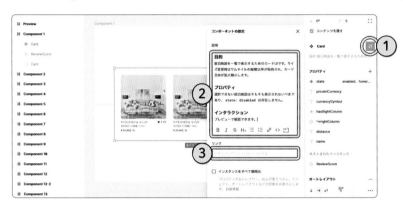

個別のバリアントを選択して 🎚 をクリックすると④、バリアントに対しての説明を入力できます。

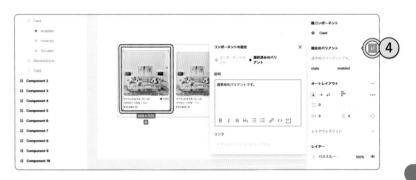

[Card]インスタンスを選択すると、コンポーネントセクションに説明が追加されています。説明にマウスオーバーして[詳細を表示]をクリックしてください⑤。パネルが開いて全文が表示され、コンポーネントセットとバリアントの説明を切り替えられます。

Memo

個別のバリアントの説明がない場合、コンポーネントセットの説明のみ表示されます。

Sample Frame

04 バリアブル

バリアブルの登場によってデザインシステムがより構築しやすくなりました。以前の Figma では色の管理に「スタイル」を使う必要がありましたが、今後は「バリアブル」を使用します。バリアブルは、プログラミング用語の「Variable（変数）」をカタカナ表記したものです。コンポーネントやプロパティと同じく、プログラミングの考え方に影響を受けた機能であり、エンジニアが扱いやすいデザインファイルを設計する鍵となります。

Memo

名前が似ていますが、「バリアブル」と「バリアント」はまったく異なる機能です。

● スタイルとの比較

単純な色の管理であれば、バリアブルとスタイルのどちらでも同じことを実現できますが、デザインシステムにはバリアブルが必要です。色の管理について両者の違いを以下にまとめました。

機能	バリアブル	スタイル
色を登録して一元管理する	◯	◯
色の組み合わせを登録する	×	◯
色をグループにまとめる	◯	◯
複数のコレクションを管理する	◯	×
モードを切り替える	◯	×

スタイルが必要になるのは「色の組み合わせを登録する」場合のみです。下図の例では、単色の上にグラデーションを重ねていますが、このような塗り設定を再利用するにはスタイルが必要です。それ以外はバリアブルでも実現できるか、バリアブルでしか実現できない機能です。

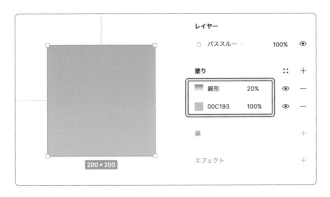

● バリアブルの作成

バリアブルの作成は「ある値を箱に入れて名前をつける」と
解釈できます。入れられる値のタイプには制限があり、現
時点では、色、数値、文字列、ブーリアン（True/False）
に対応しています。バリアブルの作成を始めるには、何も
選択してない状態でローカルバリアブルセクションの 🎛
をクリックします①。

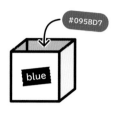

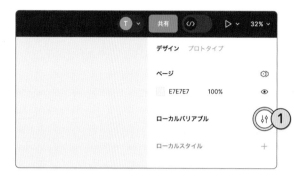

Memo

ローカルバリアブルはファイル
単位で管理されており、同じファ
イル内であれば、どのページか
ら開いても問題ありません。

[バリアブルを作成]から[カラー]を選択すると②、バリアブルが追加さ
れます。

Memo

バリアブルの作成後はタイプを
変更できないので注意してくだ
さい。

追加されたバリアブルの名前をダブルクリックして[color/text/default]に
変更してください③。同様に、値をダブルクリックして[#1F1F1F]に変更
します④。

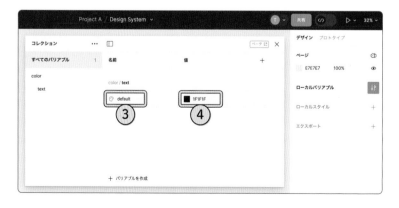

名前に「/（スラッシュ）」を使うことでグループが作成され階層化されます。［color］グループの中に［text］グループがあり、その中に［default］というバリアブルが登録されています。それぞれのグループ名をクリックするとバリアブルを絞り込めます。

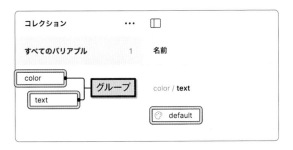

Memo

サイドパネルが表示されていない場合は、□をクリックしてください。

カラーバリアブルの先頭には色見本が表示されます。バリアブルのタイプが文字列などの場合、色として扱えません。

パネル下部の［バリアブルを作成］から［カラー］を選択し、バリアブルを追加します⑤。

Memo

バリアブルを選択した状態で shift enter を押すと、バリアブルを複製できます。

名前を［color/text/subtle］、値を［#5C5C5C］としてください⑥。

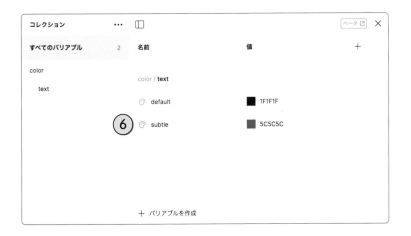

● バリアブルの適用

作成したバリアブルをオブジェクトの色に適用しましょう。［Card］のコンポーネントセットを選択し、［選択範囲の色］に［#1F1F1F］があることを確認してください。マウスオーバーすると表示される⠿をクリックします①。［#1F1F1F］が見つからない場合は［すべて表示］をクリックしてメニューを展開してください②。

Memo

［#1F1F1F］はテキストに使用されている黒に近いグレーです。

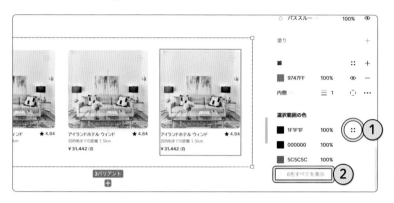

［ライブラリ］タブに表示される［color/text/default］を選択し、バリアブルを適用してください③。このように、使用されている色を一括で置き換えるには［選択範囲の色］を使うと効率的です。

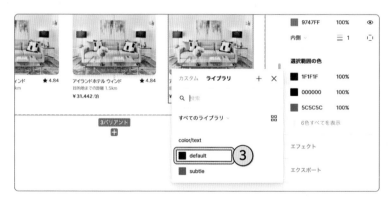

バリアブルが適用されているかを確認しましょう。［Card］の［Name］を選択すると、塗りセクションに［color/text/default］が表示されます④。

同じ手順で［#5C5C5C］を［color/text/subtle］に置き換えます。コンポーネントセットを選択し、［選択範囲の色］から［#5C5C5C］の⠿をクリック⑤、［color/text/subtle］を選択します⑥。

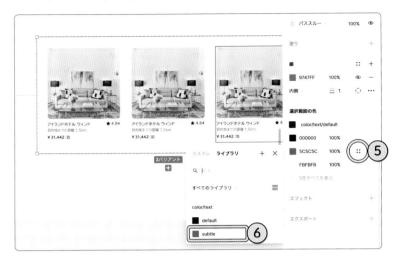

これで［Card］内のすべてのテキストにバリアブルが適用されました。作業後の［選択範囲の色］は下図のようになります。

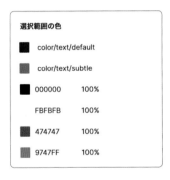

コンポーネントの見た目はまったく変わっていませんが、使用されている色をバリアブルとして管理できるようになっています。デザインシステムでは、バリアブルを使ってすべての色を一元管理します。

Memo

［color/text/subtle］のグレーは「目的地までの距離 1.5km」に使用されています。「subtle」は「控えめな」という意味です。

Sample Frame

バリアブルに関しての作例はありません。［Component 1］で作業を進めてください。

⬤ コレクション

最初のバリアブルを作成した際に「コレクション」と呼ばれる入れ物が作成されています。コレクションはバリアブルを目的ごとに整理する役割があり、現在のコレクションの名前は[コレクション]です①。 […] をクリックして[コレクション名を変更]を選択してください②。

「SemanticColor」と入力して [enter] を押します③。「SemanticColor」とは、名前で色の役割を表現するデザインシステムの用語です。詳細は次の章で解説します。

コレクションの名前はバリアブルの選択時に見出しとして表示されます④。同じ名前のバリアブルが存在する場合は、コレクション名でバリアブルを見分けられます。

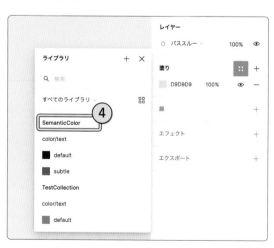

Memo

コレクションが1つしか存在しない場合、見出しは表示されません。

⦿ エイリアス

エイリアスとは「別名」という意味で、作成済みのバリアブルに別の名前を割り当てる機能です。その役割を考えると「参照」と捉えることができ、バリアブル[A]が[B]を参照する状態を作成できます。言い換えると、バリアブル[A]が[B]に依存している状態です。この場合、色の実体は[B]にしか存在せず、[B]の値を変更すると[A]も変更されます。

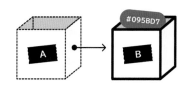

[SemanticColor]のバリアブルをエイリアスにしてみましょう。まずは参照先のバリアブルを格納するコレクションを作成します。バリアブルパネルの […] から[コレクションを作成]をクリックしてください。

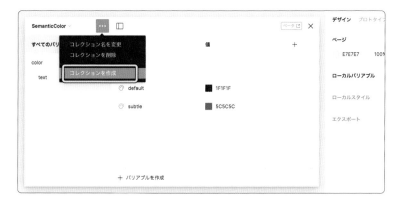

新しいコレクションの名前に「PrimitiveColor」と入力し、 [enter] を押します。

[PrimitiveColor]の中に、新しいカラーバリアブルを作成します。[color/gray/30]と[color/gray/5]を作成し、値を[#5C5C5C]と[#1F1F1F]にしてください。

コレクションの名前をクリックし、[SemanticColor]に切り替えます①。

[SemanticColor]のバリアブルをエイリアスに変更します。[color/text/default]の値を右クリックし、[エイリアスを作成]を選択してください②。

表示されるリストから[color/gray/5]を選択すると③、[color/gray/5]への参照が作成され、[color/text/default]の値がグレーで囲まれます。

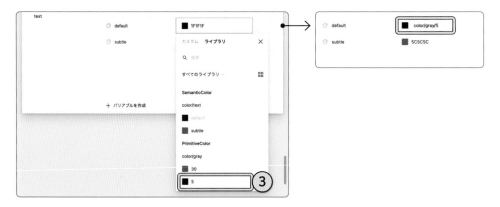

[Card]の見た目はまったく変わっていませんが、[Name]などに適用している[color/text/default]が[color/gray/5]に依存するように変更されています。

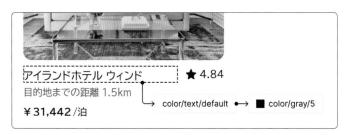

同じく［color/text/subtle］をエイリアスに変換するため、バリアブルの値を右クリックして［エイリアスを作成］を選択します④。

リストから［PrimitiveColor］の［color/gray/30］を選択してください⑤。

［SemanticColor］の2つのバリアブルがエイリアスになりました。どちらも色の値ではなく、［PrimitiveColor］への参照です。

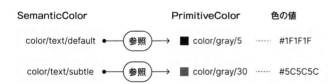

⬤ モード

バリアブルの「モード」を使えば、デザインシステムの色管理を劇的に効率化できます。複数のブランドやカラーモードをサポートするデザインシステムでは特に重要な機能です。ダークモードをサポートすると仮定して、バリアブルのモードを作成してみましょう。

[PrimitiveColor]コレクションに切り替え、ダークモードに必要な色を追加します。[color/gray/5]を選択した状態で shift enter を押し、バリアブルを複製してください①。同じ操作を繰り返してもう1つ複製します②。

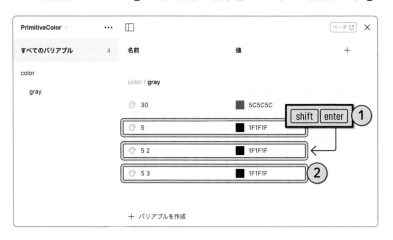

複製したバリアブルの名前を[color/gray/90]と[color/gray/70]とし、値を[#FBFBFB]と[#E0E0E0]に変更します。バリアブルをドラッグして[color/gray/90]→[color/gray/5]の順に並べましょう③。

> **Memo**
>
> バリアブルはグループ内に複製されるため、名前に入力するのは「90」や「70」のみです。

モードは[SemanticColor]コレクションに対して作成します。パネル左上のメニューから[SemanticColor]コレクションを選択してください④。

モードの作成

パネル右上の[+]をクリックすると新しい列が追加されます①。今まで使用していたモードが[Mode 1]②、新しいモードが[Mode 2]です③。モードの名前をダブルクリックして、それぞれ[light]と[dark]に変更してください。

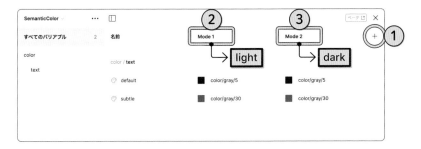

[dark]モードの[color/gray/5]をクリックし、リストから[color/gray/90]を選択します④。

同様にして、[dark]モードの[color/gray/30]を[color/gray/70]に置き換えてください。変更後のパネルは下図のようになります。[light]と[dark]で色が反転している形です。

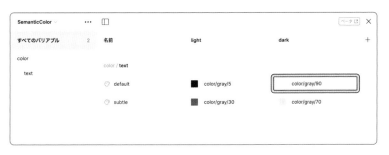

モードを切り替える

新しく作成したモードを使ってみましょう。P67で作成した[Preview]フレームの塗りを[#000000]に変更します。この状態では文字が背景に溶け込んで認識できません。

このフレームにダークモードを適用します。[Preview]を選択し、レイヤーセクションの⚙から[SemanticColor]>[dark]を適用してください。

自動モード

モードの[自動]とは、モードが指定されていない状態であり、バリアブルパネルの最も左側のモードが適用されます。

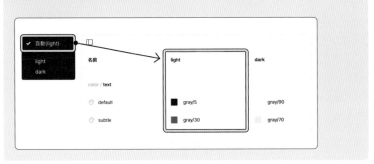

［SemanticColor］のバリアブルが［dark］モードに切り替わったため、テキストの色が反転します①。このように、親要素のモードを変更すると子要素である［Card］のモードも変更されます。レイヤーパネル②、レイヤーセクション③には現在のモードが表示されます。

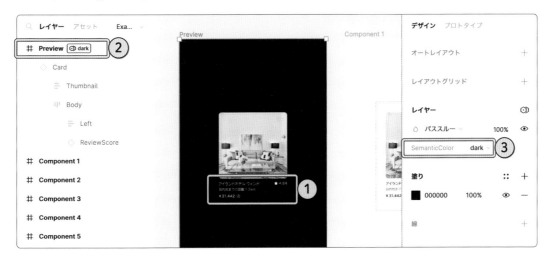

モードが［自動］になっている場合、親要素のモードが最下層にまで引き継がれます（左）。中間層のモードを明示的に指定した場合は、それより下層にある子要素のモードに影響を与えます（右）。

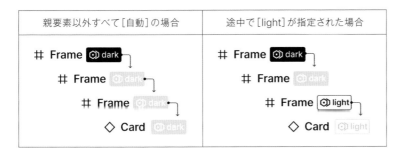

モードを指定できる最上位の階層は「ページ」です。ページのモードを変更すると、トップレベルフレームを含むすべてのオブジェクトのモードが切り替わります。

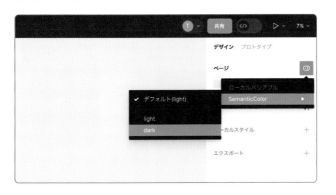

Memo

ページセクションを表示するには、キャンバスの何もない箇所をクリックするか、escを押してオブジェクトの選択を解除してください。

モードを適用するには以下の条件を満たしている必要があります。

- 選択中のオブジェクト、もしくは子要素がバリアブルを使用している。
- 使用されているバリアブルのコレクションに複数のモードがある。

条件を満たさない場合はモードは切り替えられません。例えば、バリアブルを使用している［Card］インスタンスを削除すると、［Preview］のレイヤーセクションにはモードが表示されなくなります④。

Memo

ひとつのコレクションにつきモードは4件までに制限されています。それ以上のモードを作成するにはエンタープライズプランが必要です。

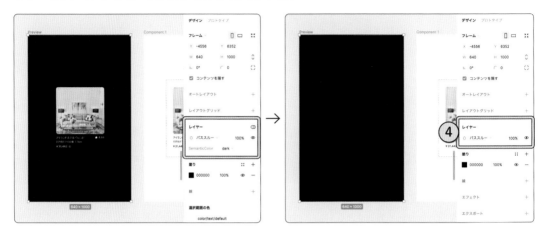

バリアブルの適用方法の違い

カラーバリアブルを適用するには右パネルの ⠿ をクリックし、次ページで解説する数値バリアブルを角の半径に適用する際は ⬡ をクリックします。どちらも直感的に操作できますが、バリアブルの適用方法が隠れているプロパティもあります。例えば、オートレイアウト適用時の幅や間隔はドロップダウンメニューから選択します。不透明度や線幅はプロパティを右クリックする必要があります。

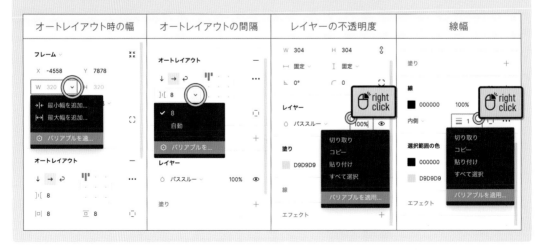

⬤ 数値バリアブル

UI要素に適用されている様々な数値はバリアブルとして管理できます。こ
こでは［Thumbnail］の角の半径にバリアブルを適用してみましょう。

色のコレクションとして［PrimitiveColor］と［SemanticColor］があります
が、角の半径のバリアブルは目的が異なるため新しいコレクションが必要
です。バリアブルパネルの［…］から［コレクションを作成］を選択してくださ
い。コレクションの名前は［Token］とします。

［Token］コレクションが作成できたら、［バリアブルを作成］から［数値］
を選択します。

作成されたバリアブルの名前を［border-radius/lg］、値を［12］に変更し
ましょう。

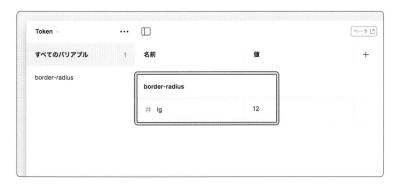

Memo

「lg」は「Large」の省略です。

コンポーネントセットの左側の［Thumbnail］を選択し、下部の  をクリックしてください①。すべてのバリアントから同じ名前のレイヤーが選択されます。

3つの［Thumbnail］が選択できたら、角の半径にマウスオーバーして ⊙ をクリックし②、パネルから［border-radius/lg］を選択してください③。角の半径の数値がグレーで囲まれ、バリアブルの適用を確認できます④。

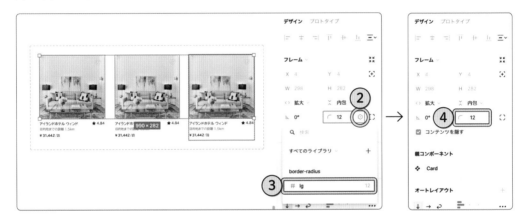

バリアブルを使えば［12］という数値を［border-radius/lg］という名前で抽象化でき、その設定を一元管理できます。デザインシステムではあらゆる数値をバリアブルで管理しますが、その設計方法は次の章で解説します。

ディープセレクト

［Thumbnail］のような子要素を選択するには、いくつかの方法があります。

- Macは ⌘、Windowsは ctrl を押しながらクリックする。
- Macは ⌘、Windowsは ctrl を押しながら右クリックしてメニューから選択する（右図）。
- マウスカーソルを合わせて、ダブルクリックを繰り返す。
- レイヤーパネルから選択する。

⬤ バリアブルの編集

バリアブルを削除するには、右クリックから[バリアブルを削除]を選択します。

編集するには ▮▮ をクリックして編集パネルを開きます①。 名前②と値③を編集できるほか、バリアブルについての説明を入力できます④。

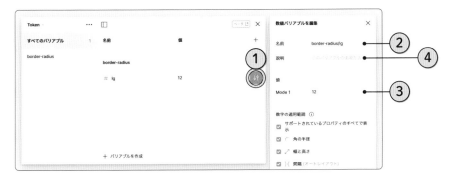

編集パネルではバリアブルの適用範囲を設定できます。[border-radius/lg]は角の半径のために作成したバリアブルであり、そのほかの用途には使用してほしくありません。目的外の使用を防ぐため、[角の半径]以外のチェックを外しておきましょう⑤。こうしておけば、例えば線幅にバリアブルを適用する際に[border-radius/lg]が表示されなくなります⑥。

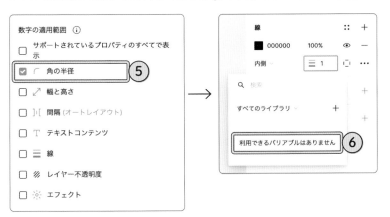

05　開発モード

Figmaを「開発モード（Dev Mode）」に切り替えると、エンジニアのニーズに焦点を当てた一連の機能が提供されます。デザイナーが利用する機会は多くありませんが、作成したデザインがエンジニアにどう見えているのかを把握しておきましょう。

開発モードを開くには、画面右上のトグルスイッチをクリックします①。開発モードではオブジェクトを編集できないため、エンジニアやマネージャーでも安心して画面を操作できます。

Memo

開発モードの利用にはプロフェッショナルプラン以上が必要です。開発モードの「モード」は、バリアブルのモードとは関係ありません。

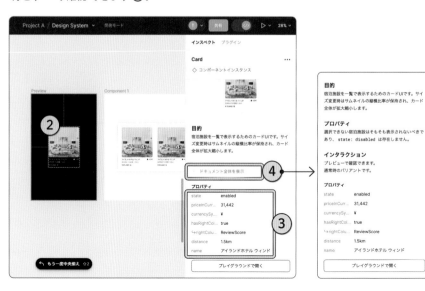

［Card］インスタンスを選択し②、右パネルを確認してください。独自に定義したコンポーネントプロパティやバリアントプロパティが表示されています③。［ドキュメント全体を表示］をクリックするとコンポーネントの説明をすべて確認できます④。

⦿ 計測と注釈

下図は[Card]インスタンスの[Body]を選択した例です。オートレイアウトのパディングや間隔が「レッドライン」と呼ばれる斜線で表示されます。

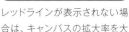

Memo

レッドラインが表示されない場合は、キャンバスの拡大率を大きくしてください。

計測ツールでドラッグすると⑤、サイズをキャンバス上に残しておけます。注釈ツールでオブジェクトをクリックすると⑥、プロパティも配置可能です。

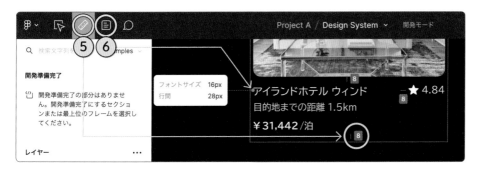

⦿ プレイグラウンド

インスタンスを選択して[プレイグラウンドで開く]をクリックすると⑦、プロパティやモードを自由に変更できるパネルが開きます。ここでの変更はデザインファイルに影響を与えないため、デザインを壊してしまう心配はありません。プロパティを元に戻すには[C]をクリックします⑧。

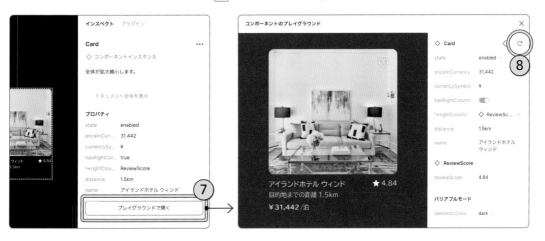

⬤ 開発リソース

コンポーネントが実装済みでコードが存在する場合は、開発リソースセクションの ＋ をクリックして GitHub の URL などを入力できます。

⬤ コード

右パネル中ほどにはコードセクションが表示され、オブジェクトのボックスモデルを確認できます①。ドロップダウンメニューから表示するコードの言語②、 ⬍ からサイズに使用する単位を変更可能です③。下部には実際のコードが表示されており、［Thumbnail］レイヤーを選択した下図の例では、角の半径として指定したバリアブル［border-radius/lg］が CSS に変換されて組み込まれています④。

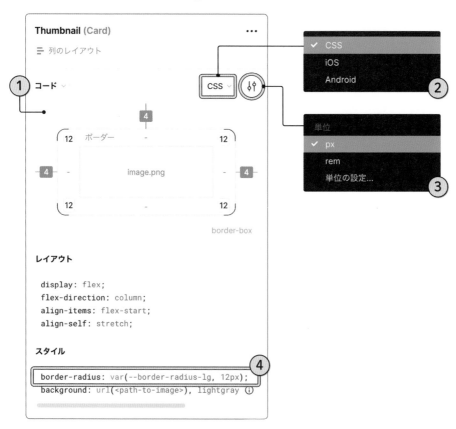

◯ 色

色セクションには、選択中のオブジェクトに使用されている色が表示されます①。カラーバリアブルやカラー値をクリックするとテキストとしてコピーできます。

ただしエイリアスの参照先は表示されません。例えば、ダークモードの[color/text/default]は[color/gray/90]を参照しているはずですが、カラー値として[#FBFBFB]が表示されています②。実装を始める際には、バリアブルがほかのバリアブルを参照している構造をエンジニアに伝えておきましょう③。

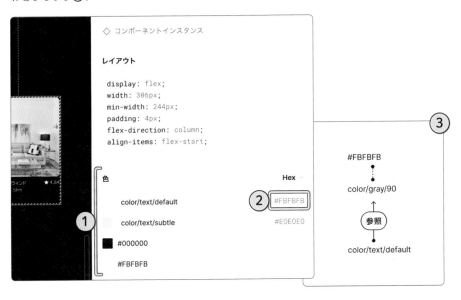

◯ アセットとエクスポート

アセットとエクスポートのセクションでは、画像やアイコンなどをダウンロードできます。ファイル形式の指定や異なる解像度での書き出しに対応しています。

⬤ 変更内容を比較

開発モードではデザインの変更履歴と差分を確認できます。[Card]コンポーネントを格納している[Component 1]を選択し、[変更内容を比較]をクリックしてください①。

左に以前のバージョン、右に現在のバージョンが表示されます。どの時点のバージョンと比較するかは[履歴]から選択できます②。[レイヤー]には変更のあったオブジェクトが表示されており③、クリックするとそのオブジェクトがフォーカスされます。下図の例では、[Thumbnail]の角の半径がバリアブルに変更されたためコードに差分が出ています④。

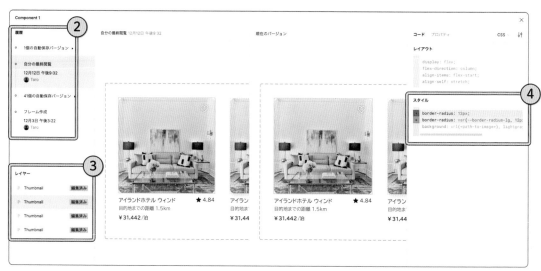

左下の[オーバーレイ]を選択すると、変更前と変更後のデザインを重ねて表示できます⑤。位置やサイズを見比べるのに便利な機能です。

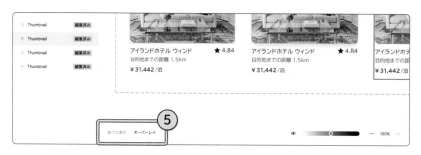

Memo

[変更内容を比較]が表示されるのは、トップレベルフレームを選択している場合のみです。フレーム内のコンポーネントなどを選択しても表示されません。shift を押しながら別のフレームをクリックし、任意の2つのフレームを選択すると、フレーム同士の差分を比較できます。

⬤ プラグイン

開発モードの［プラグイン］タブでは①、開発に特化したプラグインを利用できます。実行したプラグインは［最近使用したリソース］に表示され、🔖 をクリックして保存できます。検索フィールドに「Anima」と入力し、「Anima - Figma to Code」を実行してください②。

Memo

Anima - Figma to Codeでは HTMLとVueのコードも生成可能です。利用にはログインが必要です。

［Card］を選択すると自動でReactのコードを生成してくれます。完璧ではないものの精度は高く、コンポーネントのネスト構造もうまくコードで表現されています（右はコードエディタに貼り付けた結果です）。デザインの時点でしっかりと構造化されていれば、このようなプラグインが開発に活きてきます。

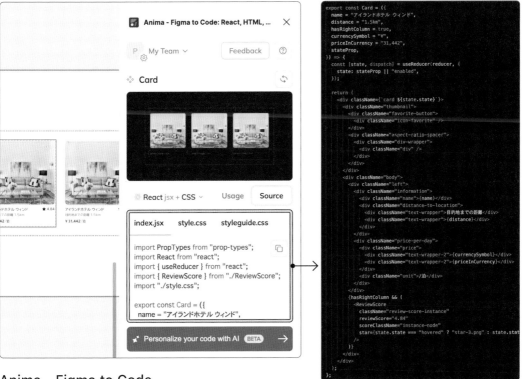

Anima - Figma to Code

🔗 https://www.figma.com/community/plugin/857346721138427857/

● Visual Studio Code (VS Code)

人気のコードエディタ「VS Code」に拡張機能の「Figma for VS Code」をインストールすると、コーディング用にカスタマイズされたFigmaの開発モードを表示できます。コメントの確認や画像のダウンロードも可能なため、エンジニアがデザインファイルとコードエディタを行き来する必要がありません。下図は、この章で使用したファイルをVS Codeで表示した例です。

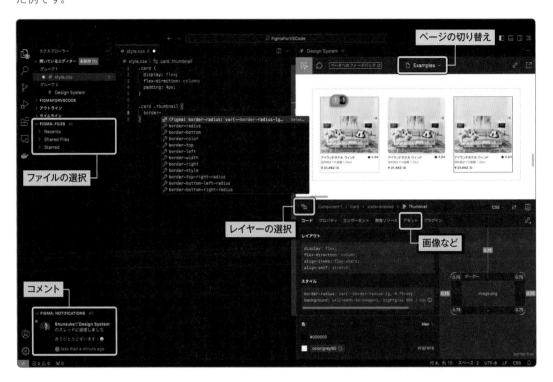

キャンバス上のオブジェクトを選択しておくと、そのオブジェクトのプロパティを使ってコードを自動補完してくれます。コード補完はバリアブルにも対応しているため、Figmaのバリアブルと実装を同期しておけば効率的で一貫性のある開発が可能です。コード補完の先頭には「(Figma)」と表示されます。

Chapter 3

デザインシステムをはじめる

この章からデザインシステムの構築をスタートします。オートレイアウト、コンポーネント、バリアント、バリアブルなど、必要な知識は前章で解説したものばかりです。

01 ファイル構成

デザインシステムのファイル構成は、組織やプロダクトのフェーズによって様々ですが、規模が大きくなるにつれ以下のように変化します。

モノリシック

画面デザイン、コンポーネント、バリアブル、スタイルなどがすべて同じファイル内にある状態です。小規模かつ外部との共有を考慮しなくてよい場合に採用できます。運用はシンプルですが、デザインのポータビリティやスケーラビリティはないため、将来的に構成を変更することが前提となります。

ライブラリ化

コンポーネント、バリアブル、スタイルを別のファイルに格納し、ライブラリとして読み込む構成です。複数のプロダクトが同じライブラリを参照するため、UIを一元管理できるメリットがあります。ただし、読み込む内容は指定できず、常にライブラリ全体が読み込まれます。

モジュール化

コンポーネントごとに個別のライブラリを作成し、必要なライブラリだけを読み込む構成です。ファイルが分割されているため、大きな組織においてデザイン作業の分担が容易になるメリットがあります。ファイル数が多くなるため、全体を統括するリーダーが必要です。

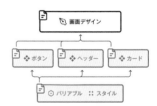

ベースコンポーネント

基礎となるベースコンポーネントを作成し、それをもとにプラットフォーム別のコンポーネントを作成する構成です。ライブラリが細かく分割されているため、環境に合わせて柔軟にデザインを調整できます。デザイナーの責任範囲も明確になり作業分担もしやすいですが、ファイル数が増えることによって管理コストは大きくなります。

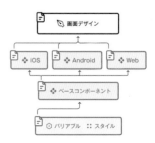

● 作例ファイル

本書ではコンポーネント、バリアブル、スタイルを別のファイル
に格納し、ライブラリとして読み込む構成を採用します。 画面デ
ザイン用のファイルを用意し、前章で使用したファイル『Design
System』を読み込む形です。

作例として、Webサイトの画面デザインを公開しています。 以
下のURLにアクセスしてください。

Web Design Example

🔗 https://www.figma.com/community/file/1300236914884813229/

［Figmaで開く］をクリックしてファイルを複製し①、ファイル名を『Web
Design』に変更します。

Memo

名前を変更するには、ツールバー
に表示されているファイル名を
クリックします。

複製したファイルは「下書き」に保存されていますが、下書きにある状態
ではライブラリ機能を利用できません。 ファイル名の隣にある ▼ から［プ
ロジェクトに移動...］を選択し②、『Design System』ファイルと同じプロ
ジェクトに移動させてください③。

◉ 画面デザイン

『Web Design』の中身を確認しましょう。このファイルには「Tomalu」という架空の宿泊予約サイトの画面デザインが含まれています。以下はそれぞれの画面の役割です。

① Home	宿泊施設の一覧が表示されます。キーワード検索やカテゴリでの絞り込みが可能です。各宿泊施設のカードを押下すると [Lodging] 画面に遷移します。	
② Lodging	写真、設備、レビューなどの詳細情報を閲覧できます。日付と人数を指定して料金を確認し、[Checkout] 画面に進みます。	
③ Checkout	キャンセルポリシーや利用規約を確認し、支払い情報を入力して予約を確定させます。	

このファイルにはデザインシステムが導入されておらず、様々な問題点があります。[Comments] レイヤーの ⌣ をクリックしてコメントを表示してください④。

Memo

[Internal Tools] には解説用のコンポーネントが格納されています。編集しないでください。

◉ 作例ファイルの問題点

下図は［Comments］レイヤーを表示した状態です。一貫性の欠如、インタラクションの考慮不足、異なる画面サイズへの考慮不足など、問題が発生している箇所を確認できます。

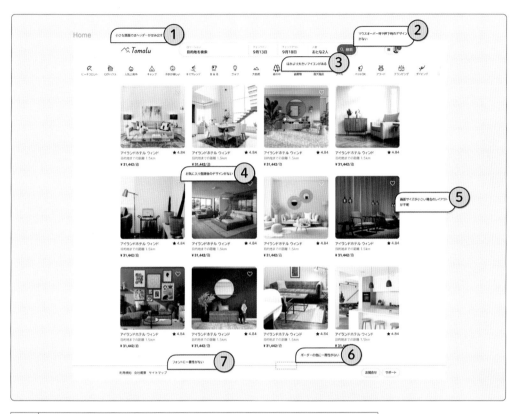

	[Home]画面の問題点
①	小さな画面ではヘッダーがはみ出す。
②	マウスオーバー時や押下時のデザインがない。
③	ほかより大きいアイコンがある。
④	お気に入り登録後のデザインがない。
⑤	画面サイズが小さい場合のレイアウトが不明。
⑥	ボーダーの色に一貫性がない。
⑦	フォントに一貫性がない。

本書では［Home］画面に焦点を当て、デザインシステムを導入しながらこれらの問題を解決していきますが、そのほかの画面の問題点も確認してみてください。

02 ライブラリ

まずは『Design System』をライブラリとして公開する準備を行います。[Examples] ページを開き、[Component 5] の [Badge] コンポーネントをドラッグして [Component 1] の中に移動してください。

Memo

インスタンスが作成されてしまうため、ドラッグの際には option を押さないでください。

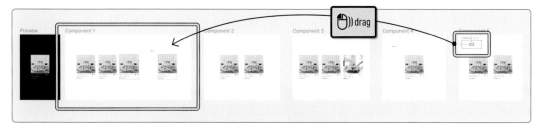

[Component 1] を右クリックし、[ページに移動] > [Components] を選択します。[Component 1] が [Examples] ページから消えます。

[Components] ページを開き、[Component 1] が移動できていることを確認してください。今後ライブラリとして公開するコンポーネントは、すべて [Components] ページに格納します。

Memo

キャンバス上でオブジェクトを見失った場合は、レイヤーパネルで選択して shift 2 を押してください。選択中のオブジェクトにジャンプできます。

● 不要なコンポーネントの削除

［アセット］タブを選択し①、［ローカルコンポーネント］を展開すると②、ファイル内に存在するコンポーネントを確認できます（リスト表示とグリッド表示を切り替えるには ▦ をクリックします）。

ページ>フレーム>コンポーネントの順で階層化されており、［Examples］ページ配下には複数の［Card］コンポーネントが登録されています③。これらは解説のための確認用のコンポーネントであり、ライブラリとして公開する必要はないので削除してしまいましょう。

［レイヤー］タブに戻り④、［Example］ページを右クリックして［ページを削除］を実行します⑤。［Example］ページの中身がすべて削除されますが、作例ファイルはいつでも複製できるので問題ありません。必要なデータがある場合は、事前に別ファイルに保存しておいてください。

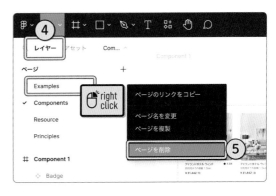

再度［アセット］タブを開くと［ローカルコンポーネント］には［Badge］、［Card］、［ReviewScore］の3件しか表示されていないはずです⑥。不要なコンポーネントが削除でき、ライブラリとして公開する準備が整いました。

101

⬤ ライブラリの公開

このファイルをライブラリとして公開します。［アセット］タブを開いて 📖
をクリックしてください①。

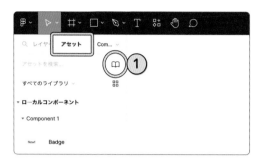

ライブラリパネルが開き、現在のファイル『Design System』が上部に表
示されます。［公開...]をクリックして次の画面に進んでください②。

ライブラリとして公開される対象が表示されます。［PrimitiveColor］、
［SemanticColor］、［Token]はバリアブルのコレクション③、［Badge]、
［Card］、［ReviewScore]はコンポーネントです④。すべての項目に
チェックが入っていることを確認して[公開]をクリックしてください⑤。

完了すると画面下部に
通知が表示されます⑥。

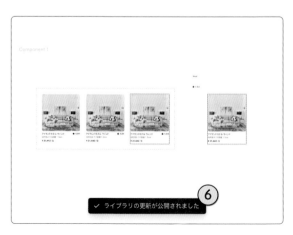

● ライブラリの読み込み

公開したライブラリを読み込んでみましょう。『Web Design』ファイルの
[アセット]タブを開いて 📖 をクリックしてください①。

先ほど公開した『Design System』が表示されており、[ファイルに追加]
をクリックするとコンポーネントが読み込まれます②。[アセット]タブに
表示されることを確認してください③。

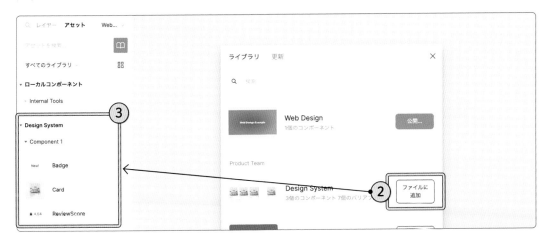

読み込まれた[Card]コンポーネントをクリックすると
④、コンポーネントの説明やプロパティを確認できま
す。[インスタンスを挿入]をクリックして[Card]イン
スタンスをキャンバスに追加してください⑤。

Memo
インスタンスを挿入するには、[アセット]タブからコンポー
ネントをドラッグ&ドロップする方法もあります。

⦿ ライブラリの更新

ライブラリのコンポーネントを変更した際、その変更をほかのファイルに
反映する方法を解説します。まずは『Design System』で作業します。

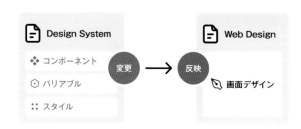

[Card]のコンポーネントセットを選択した状態で、[選択範囲の色]から
[#000000]の⊕をクリックしてください①。[#000000]が適用され
ているすべてのオブジェクトが選択されます。

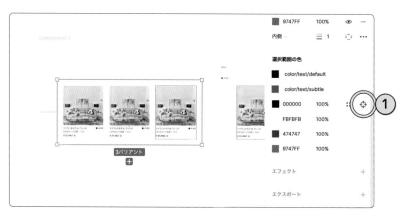

線セクションの⊟をクリックして線を削除します②。再度[Card]のコン
ポーネントセットを選択し、同じ作業をあと2回繰り返してください。[選
択範囲の色]に[#000000]が表示されなくなれば完了です。

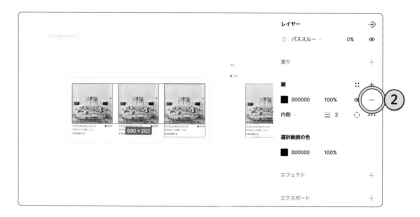

公開中のコンポーネントに変更があったため、[アセット]タブと⬜にドットが表示されています③。⬜をクリックしてライブラリパネルを開いてください。

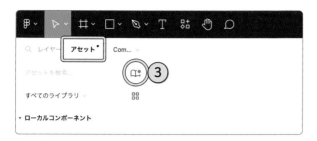

[公開...]をクリックして次の画面に進み④、[Card]にチェックが入っていることを確認して[公開]を実行します⑤。

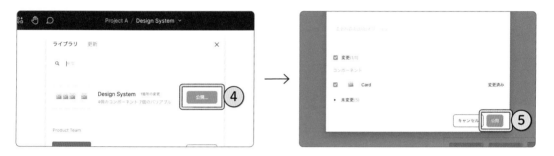

公開の完了後、『Web Design』ファイルを開くと画面右下に通知が表示されます。[確認]をクリックして変更内容を表示しましょう⑥。

ライブラリパネルには更新のあった要素が表示されます。[すべて更新]をクリックして変更を反映してください⑦。

このように、ライブラリの変更を反映するには公開→確認→更新の手順を踏みます。デザインシステムを構築する工程で繰り返し行う作業です。

03 カラーパレット

デザインシステムにはその基礎となる「スタイルガイド」が必要です。スタイルガイドとは、色、タイポグラフィ、グリッド、スペーシングなど、UIデザインのルールがまとめられた資料です。デザイナーやエンジニアがドキュメントとして参照するだけでなく、ライブラリを通じてほかのファイルにバリアブルやスタイルを提供します。

まずは最も基本的な「色」について整理しましょう。プロダクトの歴史が長くなるほど、様々な事情により色の一貫性が失われていきます。筆者が参画したプロジェクトでは、ほぼ同じ階調のグレーが8種類、オレンジが5種類も実装コードに組み込まれていたことがあります。エンジニアはデザイナーの作成したデザインを忠実に再現した形でしたが、これらの色の使い分けには意味がありませんでした。

このような一貫性のない配色はプロダクトの信頼性に影響するだけでなく、デザインの作成時やコードの実装時に迷いを生じさせます。一見問題なさそうなプロダクトであっても、iOS、Android、Webで色を共通化できていなかったり、同じブランドの別のプロダクトでは独自の色が使用されていたりと、色の管理は簡単ではありません。UIデザインの最も基本的な構成要素である「色」の管理を考えることは、デザインシステム構築のスタート地点です。

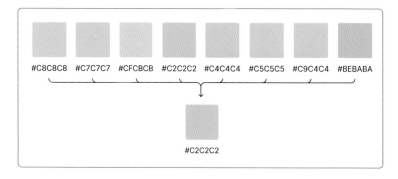

#C8C8C8　#C7C7C7　#CFCBCB　#C2C2C2　#C4C4C4　#C5C5C5　#C9C4C4　#BEBABA

#C2C2C2

デザインシステムで扱うすべての色は「カラーパレット」に集約し、それ以外の色を原則使用禁止とします。カラーパレットは使用できる色数を制限しますが、ブランドイメージを適切に表現できるようなバランスが必要です。そのほかにも、十分なコントラストを担保できるか、ダークモードに対応できるかなどを考慮に入れます。

● プライマリカラー

「プライマリカラー」はCTAボタンなどに使用される重要な色です（上図ではマゼンタが該当します）。プロダクトの印象を決めるため、ブランドのメインカラーをプライマリカラーとして使用する場合が多いですが、全体の印象を優先して微調整する場合もあります。カラーパレットの最初の要素として、プライマリカラーの階調を作りましょう。

階調とは

階調とは「色の濃淡の変化」のことです。白と黒の2段階の濃淡がある場合は「2階調」であり、白と黒の間に中間色としてのグレーが追加されると「3階調」です。1階調だけではUIデザインは成立せず、プライマリカラーにも階調が必要です。例えば、ボタンの押下時に背景色に暗めの階調を使用することで、インタラクションを表現できます。一般的には色相ごとに約10階調を作成します。多すぎる階調はカラーパレットを無意味化してしまうため、色の選択肢を制限しながらも表現に支障をきたさないバランスが重要です。

Memo

CTAとは「Call To Action」の略で、優先度の高い操作に対してユーザーの行動を喚起させるUI要素です。

階調の作成

10階調分の色を1つずつ設定するのは手間ですし、自然で滑らかな階調を作成するのは意外なほど難しいものです。Figmaのコミュニティに公開されているプラグインを活用して作業を効率化しましょう。

『Design System』を開き、[＋]をクリックして新規ページを作成してください①。名前は[StyleGuide]とします。

ツールバーの ⊞ からリソースパネルを開きます②。[プラグイン]タブを選択して「Color Shades」を検索し、[実行]をクリックしてください③。

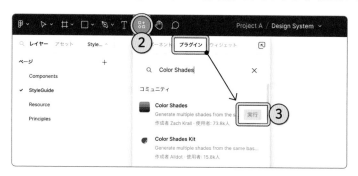

プラグインを実行すると右図のようなパネルが開きます。ここではプライマリカラーを[#E30E71]にするとして[Base Color]に入力しましょう④。入力した値を中心に15段階の色見本が表示されます。[Create]をクリックして色見本をキャンバスに挿入してください⑤。

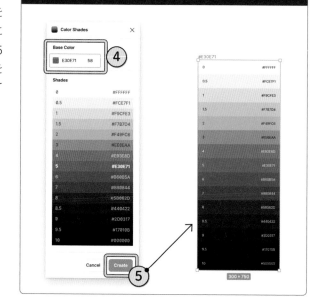

Color Shades

🔗 https://www.figma.com/community/plugin/929607085343688745/

色見本の2番目~11番目を抜き出し、それぞれの色を微調整した結果が
下図です。90~5の番号を振ってプライマリカラーの階調とします。

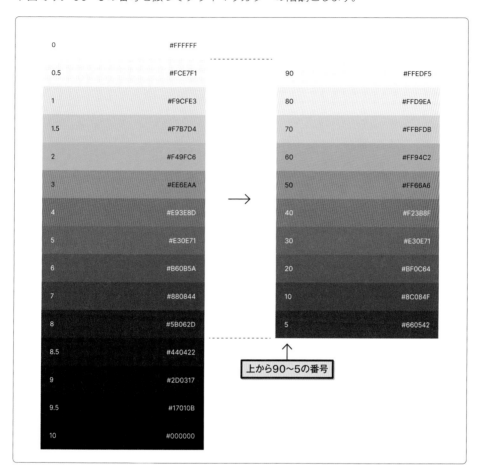

0	#FFFFFF			
0.5	#FCE7F1	90	#FFEDF5
1	#F9CFE3	80	#FFD9EA
1.5	#F7B7D4	70	#FFBFDB
2	#F49FC6	60	#FF94C2
3	#EE6EAA	50	#FF66A6
4	#E93E8D	40	#F23B8F
5	#E30E71	30	#E30E71
6	#B60B5A	20	#BF0C64
7	#880844	10	#8C084F
8	#5B062D	5	#660542
8.5	#440422		
9	#2D0317		
9.5	#17010B		
10	#000000		

上から90~5の番号

この色見本のレイヤー名を［Magenta］に変更します⑥。子要素のレイ
ヤー名も［Magenta90］ ~［Magenta5］に変更しておきましょう⑦。

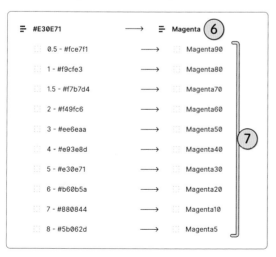

≡ #E30E71	⟶	≡ Magenta ⑥
0.5 - #fce7f1	⟶	Magenta90
1 - #f9cfe3	⟶	Magenta80
1.5 - #f7b7d4	⟶	Magenta70
2 - #f49fc6	⟶	Magenta60
3 - #ee6eaa	⟶	Magenta50
4 - #e93e8d	⟶	Magenta40 ⑦
5 - #e30e71	⟶	Magenta30
6 - #b60b5a	⟶	Magenta20
7 - #880844	⟶	Magenta10
8 - #5b062d	⟶	Magenta5

Memo

階調を調整する方法は様々です
が、その一例をP114で解説して
います。

Memo

自動生成された色見本の番号
は、明るい色が「0」、暗い色が
「10」になっていますが、本書
では反対のルールを採用してい
ます。Hex値の［#000000］や
HSB値の［0,0,0］はブラックで
あり、0に近づくにつれて暗く
なる印象があるからです。同じ
ルールはGoogleの「Material
Design」でも採用されています。

バリアブルの作成

プライマリカラーの階調をバリアブルとして登録しましょう。オブジェクトの選択を解除し、ローカルバリアブルセクションの 🎚️ をクリックします①。前章で作成した［PrimitiveColor］コレクションを選択してください②。

［バリアブルを作成］から［カラー］を選択し③、バリアブルを追加します。名前を［color/magenta/90］、値を［#FFEDF5］としてください④。

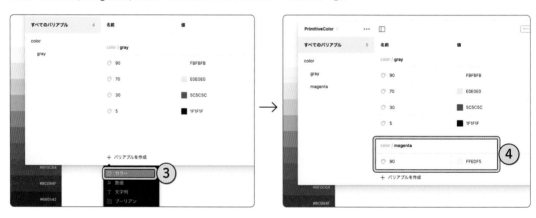

この作業を繰り返し、カラーパレットの通りにバリアブルを作成しましょう。

Memo

連続でバリアブルを作成するには、バリアブルを選択した状態で shift enter を押します。

● グレー

プライマリカラーを際立たせるには、背景としての無彩色（グレー）が必要です。本書では、最も暗い無彩色を［#1F1F1F］としてグレーの階調を作成します。

オブジェクトの複製

まずはグレーのための色見本を用意しましょう。［Magenta］を複製し、名前を［Gray］に変更します①。子要素をひとつ複製して、最初の番号を「100」としてください②。

Shortcut

複製

Mac	⌘	D
Win	ctrl	D

1

2

3

4

5

6

7

8

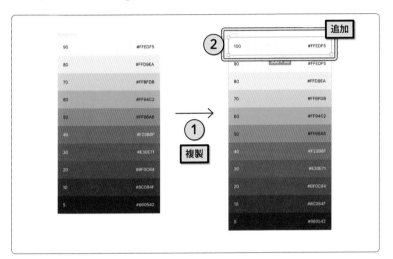

［Gray］フレームを選択した状態で enter を押し、すべての子要素を選択します③。レイヤー名を一括で変更するため、Macは ⌘ R 、Windows は ctrl R を押してください。

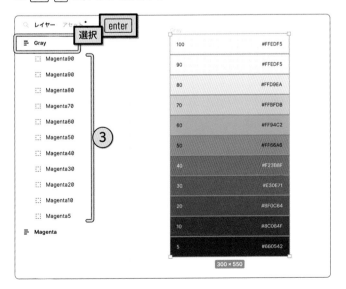

変更後の名前に「Gray$N0」、[降順終了位置]に[0]を入力します。
「$N」は連番を入れるための特殊な書き方です。「Gray」+「連番」+「0」
の組み合わせで「Gray100」～「Gray00」のレイヤー名を生成できます。
[名前を変更]をクリックしてパネルを閉じましょう④。

最下部のレイヤーの名前を[Gray5]に変更し⑤、塗りを[#1F1F1F]とし
てください⑥。このオブジェクトを基準としてグレーの階調を作成します。

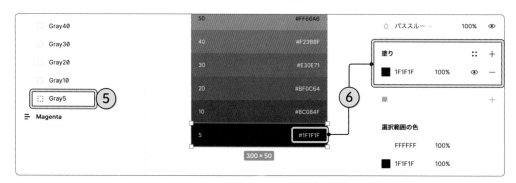

プラグイン

「Color Designer」というプラグインを使用します。リソースパネルの[プ
ラグイン]タブで検索し、[実行]をクリックしてください。

Color Designer
🔗 https://www.figma.com/community/plugin/739475857305927370/

プラグインが起動したら［Gray5］を選択し①、［Tints］タブが選択された
状態で階調数に［10］を入力します。プレビューが更新されたら🗗をクリッ
クしてください②。

Memo

Color Designerは、選択中の
オブジェクトの色を基準にして、
明るい階調（Tints）と暗い階調
（Shades）を自動生成します。
別のオブジェクトを選択したり、
選択を解除すると結果が異なる
ので注意してください。

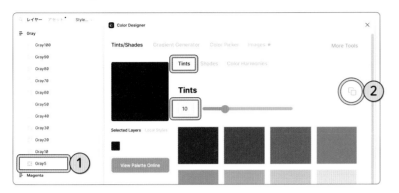

階調のHex値がテキストで表示されます。テキストをすべて選択してコピー
し③、メモ帳アプリなどに保存しておいてください。テキストオブジェク
トとしてFigmaに挿入しても構いません。

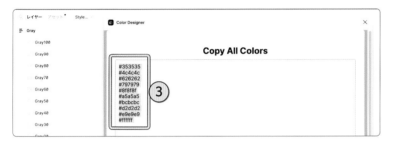

プラグインを閉じ、［Gray］の色見本を更新しましょう。取得したHex値
と色見本は逆順に並んでいます。色見本の100には明るい色（#FFFFFF）、
10には暗い色（#353535）を指定して11階調のグレーとしてください。

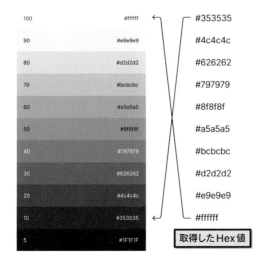

取得したHex値

階調の調整

残念ながら自動生成された階調は完璧ではありません。これはプラグインの精度が悪いのではなく、作成したいデザインとプラグインの挙動が一致しないためです。自動生成された階調はあくまで「ラフ」として捉え、目的にあった階調になるよう調整しましょう。

本書の作例デザインでは、［Gray/90］、［Gray/80］、［Gray/70］などを背景色として使うことが多く、より繊細な階調が求められます。そのため、明るい部分の変化をより緩やかにし、以下のように全体を調整しました。

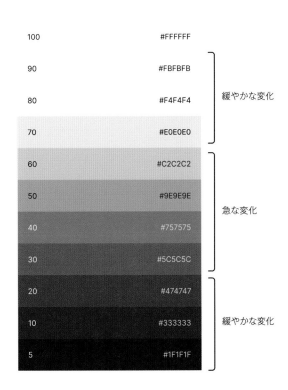

100	#FFFFFF	
90	#FBFBFB	緩やかな変化
80	#F4F4F4	
70	#E0E0E0	
60	#C2C2C2	
50	#9E9E9E	急な変化
40	#757575	
30	#5C5C5C	
20	#474747	
10	#333333	緩やかな変化
5	#1F1F1F	

実際のプロジェクトでは、複数のラフを作成して目的に合ったバランスを見つけていくことになります。中心となる色から階調を広げるColor Shadesのようなアプローチと、最も明るい／暗い色を基準とするColor Designerのようなアプローチを覚えておけば、どんな階調でも作成できるはずです。プラグインを使って効率的に階調を作成し、方向性が決まったら細かな調整を行いましょう。

Memo

グレーは完全な無彩色である必要はなく、色味を帯びたグレーを定義する場合もあります。

バリアブルの作成

作成したグレーの階調をバリアブルとして登録します。ローカルバリアブルセクションの⚙️をクリックし①、[PrimitiveColor]コレクションを開いてください。すでに4件のグレーが登録されているはずです②。

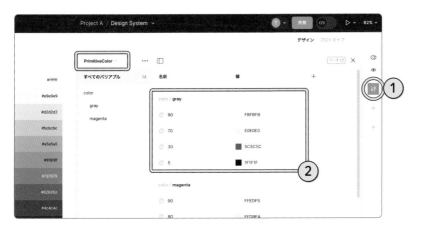

不足しているグレーのバリアブルを追加し、[color/gray/100]～[color/gray/5]を以下のように作成してください。

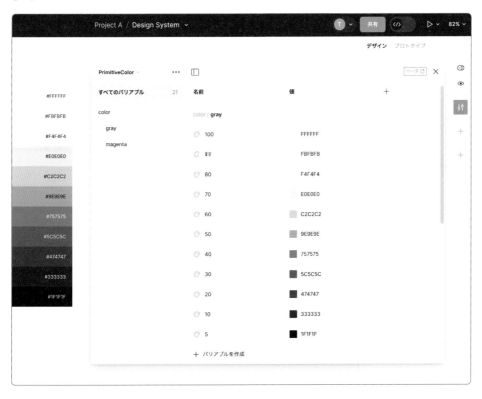

⬤ 安全色

色とその意味を取り決めた「JIS安全色」という規格には、赤、黄赤、黄、緑、青、赤紫の6色が以下のように定義されています。これらは広く社会に浸透しているため、UIデザインの配色として考慮する必要があります。

赤	黄赤	黄	緑	青	赤紫
禁止、危険、緊急	危険、警告	注意警告	安全状態、進行	指示、誘導	放射能

JIS Z 9101	図記号ー安全色及び安全標識ー安全標識及び安全マーキングのデザイン通則
JIS Z 9103	図記号ー安全色及び安全標識ー安全色の色度座標の範囲及び測定方法

赤色

「ユーザーの入力した情報に不備があった」、「商品の在庫がなく購入に失敗した」、「通信が遮断された」などのエラーを表現する色としては、赤が適しています。削除や予約の取り消しなど、やり直しができない破壊的な操作にも同じ色が使われます。「危険」を意味する色としてカラーパレットに含めておきましょう。

[Magenta]を複製して名前を[Red]に変更し、子要素の名前を[Red90]～[Red5]とします。Color Shadesプラグインでラフを作成し、全体を調整した結果が下図です。

Memo

色だけに頼った情報提供をしないことも重要です。形状やアイコンなどを工夫し、色は副次的に用いるのが基本です。詳しくは「カラーユニバーサルデザイン」で検索してみてください。

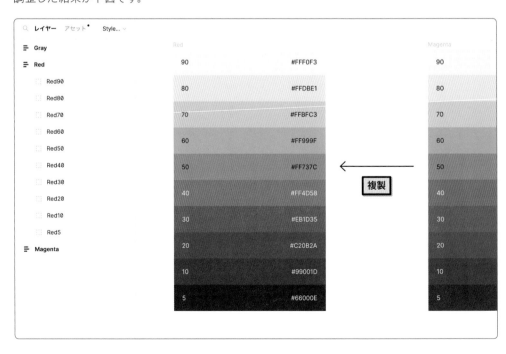

グレーと同じく［PrimitiveColor］コレクションにバリアブルを追加してくだ
さい。上から順に［color/red/90］〜［color/red/5］を並べます。

緑色

作例のデザインには登場しませんが、ほとんどのプロダクトでは「処理が
成功した」、「易しい」、「優先度が低い」などを伝える色として緑が必要
です。同様の手順で以下の色見本とバリアブルを作成してください。

● そのほかの色

プライマリカラー、グレー、安全色のほかに、プロダクトによっては以下のような色が必要です。定義する場合はカラーパレットに色見本を追加し、バリアブルも作成しておきましょう。

Sample File

ここまでの作業が完了しているサンプルファイルを公開しています。解説の通りに進めない場合にご利用ください。

Design System 3-3

アクセントカラー

「アクセントカラー」は小さな面積で全体を引き締めます。25%のプライマリカラー、5%のアクセントカラーを目安にして配色するとバランスよく画面がまとまります。

ブランドカラー

ブランドのメインカラーとプライマリカラーが一致しない場合、「ブランドカラー」として別に定義します。ブランドを象徴する色であり、UI要素には使用しないため、階調を作成する必要はありません。

カテゴリカラー

カテゴリを色で分類する場合はカラフルなパターンが必要です。「Adobe Color」のようなツールを使うと、プライマリカラーと調和する色を簡単に見つけられます（左）。似たようなツールにFigmaの「Color wheel palette generator」というプラグインがあります（右）。

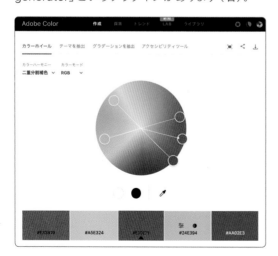

Adobe Color

🔗 https://color.adobe.com/

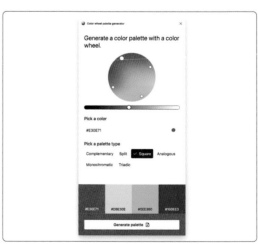

Color wheel palette generator

🔗 https://www.figma.com/community/plugin/1286792998372727741/

04　アクセシビリティ

すべての人がサービスを利用できる状態を目指す「アクセシビリティ」が重要なのは言うまでもありません。アクセシビリティの観点を踏まえ、カラーパレットに定義した色に問題がないか検証しておきましょう。

● コントラスト比

あらゆるテキストには背景色が存在します。明示的に指定していなくても実際にはFigmaやWebブラウザの初期値が適用されており、テキストと背景の間には「コントラスト」が生まれます。このコントラストが十分でなければ可読性の問題が生じます。「Web Content Accessibility Guidelines (WCAG) 2.1」では、テキストと背景のコントラスト比が以下のように定められています。

レベル AA	・テキスト及び文字画像の視覚的提示に、少なくとも 4.5:1 のコントラスト比がある。 ・サイズの大きなテキスト及びサイズの大きな文字画像に、少なくとも 3:1 のコントラスト比がある。
レベル AAA	・テキスト及び文字画像の視覚的提示に、少なくとも 7:1 のコントラスト比がある。 ・サイズの大きなテキスト及びサイズの大きな文字画像に、少なくとも 4.5:1 のコントラスト比がある。

「レベル AA」と「レベル AAA」は「適合レベル」と呼ばれ、アクセシビリティ対応の達成の程度を意味します。一般的にはレベルAAに準拠することを目標とし、可能であれば部分的にレベルAAAを取り入れます。達成基準の「サイズの大きなテキスト」は、日本語では「22ポイント又は18ポイントの太字」とされており、ポイント数とCSSピクセルの比は「1pt = 1.333px」であることから、「30ピクセル又は24ピクセルの太字」と言い換えられます。

WCAG 2.1（オリジナル）
🔗 https://www.w3.org/TR/WCAG21/

WCAG 2.1（日本語翻訳）
🔗 https://waic.jp/translations/WCAG21/

テキストの色を[#000000]にしたとき、レベルAAを達成するグレーは
以下のような色です。これよりも背景色が暗ければ不適合となります。

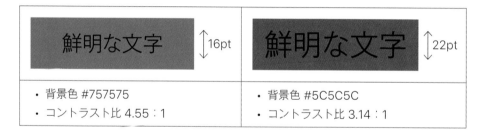

・背景色 #757575	・背景色 #5C5C5C
・コントラスト比 4.55：1	・コントラスト比 3.14：1

テキストの色を反転させて[#FFFFFF]にすると、以下のようになります。
これよりも背景色が明るければレベルAAに不適合です。

・背景色 #757575	・背景色 #929292
・コントラスト比 4.6：1	・コントラスト比 3.11：1

上記の例からどのような印象を受けるでしょうか。筆者の場合、後者のコ
ントラストがより高いように感じられ、もう少し明るい背景色を許容してし
まいそうになります。色の見え方は人によって違いがあるため、感覚に
頼らずコントラスト比をチェックしましょう。

◉ コントラストグリッド

カラーパレットに定義した色を使用する際、コントラストが十分な組み合
わせはどれだけあるでしょうか。あらかじめ検証しておくことでテキストや
背景に使う色を選定しやすくなりますが、ひとつずつ確認していては時間
がかかりすぎます。プラグインを使って総当りの検証を行いましょう。リ
ソースパネルの[プラグイン]タブから「Contrast Grid」を検索し、[実行]
をクリックしてください。

プラグインパネルの左側が背景色、右側がテキスト色のフィールドです。
Macは ⌘ 、Windowsは ctrl を押しながら[Gray100]の長方形をクリックしてください①。子要素である[Swatch]レイヤーを選択できたら、🔳をクリックし②、色の値（#FFFFFF）を抽出します③。

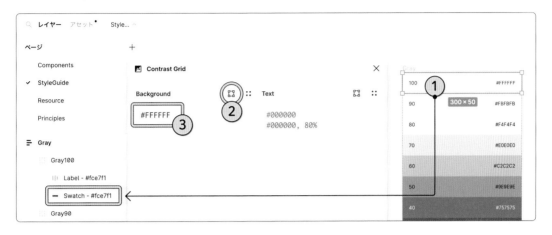

この作業を繰り返して[Gray100]～[Gray5]の値を入力します④。

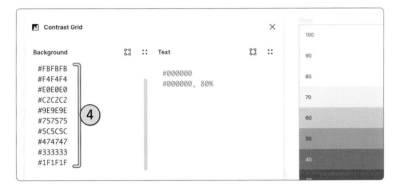

Memo

Color Shadesプラグインで自動生成された色の値が[Swatch]のレイヤー名として残っています。気になるようであれば削除してください。

テキスト色は[Gray5]→[Gray100]となるように逆順で入力してください。
色の値を抽出する際は右側の 🔳 をクリックします⑤。

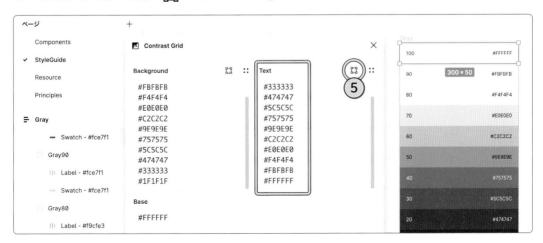

グレーの検証

[Create]をクリックすると①、背景色（縦）とテキスト色（横）の組み合わせがグリッドとして挿入されます。各セルにはコントラスト比と適合レベルが表示されており、どの組み合わせがWCAG 2.1に準拠しているか一目で分かります。背景色[#FBFBFB]、[#F4F4F4]、[#E0E0E0]に対して使用できるテキスト色は[#5C5C5C]までだと判断できます②。

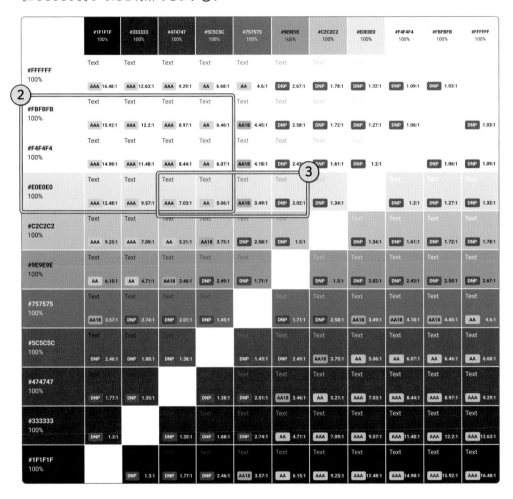

背景色[#E0E0E0]に対してテキストを明るくしていくと③、適合レベルは以下のように変化します。「AA18」はサイズの大きなテキストであれば使用可能、「DNP」は「Does Not Pass」の略で不適合を意味します。

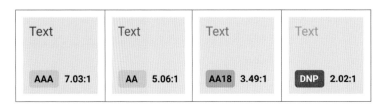

プライマリカラーの検証

プライマリカラーはボタンの背景色として使用される場合が多いため、白抜きテキストとのコントラストを検証しておきましょう。再びContrast Gridを起動します。左側にプライマリカラーの階調①、右側にテキスト色として[#FFFFFF]を入力し②、[Create]をクリックしてください③。

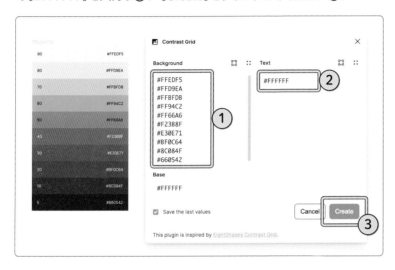

Memo

「Save the last values」にチェックを入れておくと、最後に作成したコントラストグリッドの値が保存され、次回の起動時に使用できます。

背景色として使えるプライマリカラーの階調を検証した結果が下図です。これによると、プライマリカラーの基準となる色より1段階だけ明るい[#F23B8F]を背景色として使う場合④、テキストのサイズに気をつける必要があり、それより明るい色はWCAG 2.1の基準を満たさないことが分かります⑤。

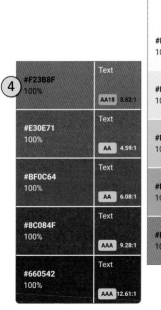

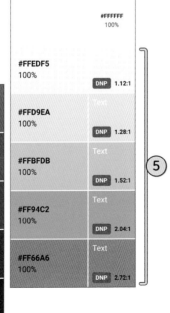

安全色（赤）の検証

赤や緑の安全色は、背景色としてもテキスト色としても使用されます。両方の場合でコントラスト比をチェックしておきましょう。

背景色を赤の10階調、テキスト色を[#FFFFFF]として検証した結果が右図です。レベルAAを満たすのは[Red20]〜[Red5]の3色です①。

下図は、背景色をグレー（縦）、テキスト色を赤（横）とした場合のコントラストグリッドです。赤としての印象を保持しながらレベルAAを満たす組み合わせは非常に少ないことが分かります②。

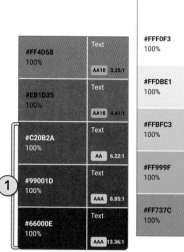

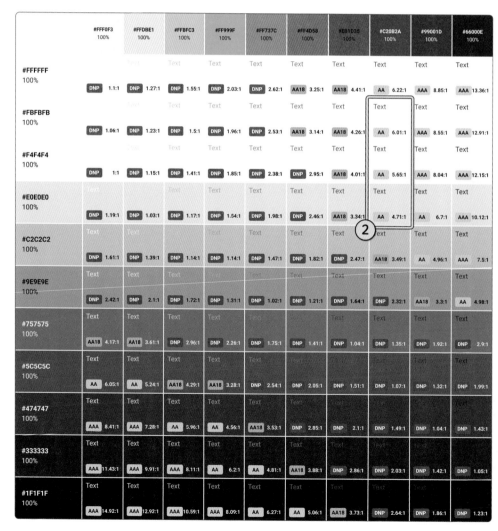

安全色（緑）の検証

背景色を緑の10階調、テキスト色を[#FFFFFF]として検証した結果が右図です。レベルAAを満たすのは[Green20]～[Green5]の3色です③。

下図は、背景色をグレー（縦）、テキスト色を緑（横）とした場合のコントラストグリッドです。緑の場合はさらに使える色が少なく、背景色[#E0E0E0]とテキスト色[#218011]の組み合わせはサイズの大きなテキストにしか使用できません④。

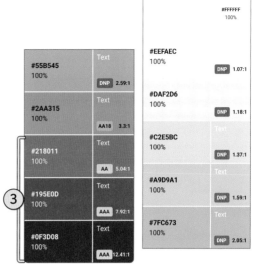

	#EEFAEC 100%	#DAF2D6 100%	#C2E5BC 100%	#A9D9A1 100%	#7FC673 100%	#55B545 100%	#2AA315 100%	#218011 100%	#195E0D 100%	#0F3D08 100%
#FFFFFF 100%	DNP 1.07:1	DNP 1.18:1	DNP 1.37:1	DNP 1.59:1	DNP 2.05:1	DNP 2.59:1	AA18 3.3:1	AA 5.04:1	AAA 7.92:1	AAA 12.41:1
#FBFBFB 100%	DNP 1.03:1	DNP 1.14:1	DNP 1.33:1	DNP 1.54:1	DNP 1.98:1	DNP 2.51:1	AA18 3.19:1	AA 4.87:1	AAA 7.66:1	AAA 11.99:1
#F4F4F4 100%	DNP 1.02:1	DNP 1.08:1	DNP 1.25:1	DNP 1.45:1	DNP 1.86:1	DNP 2.36:1	AA18 3:1	AA 4.58:1	AAA 7.2:1	AAA 11.28:1
#E0E0E0 100%	DNP 1.22:1	DNP 1.1:1	DNP 1.04:1	DNP 1.21:1	DNP 1.55:1	DNP 1.96:1	DNP 2.5:1	AA18 3.82:1	AA 6:1	AAA 9.4:1
#C2C2C2 100%	DNP 1.65:1	DNP 1.49:1	DNP 1.29:1	DNP 1.11:1	DNP 1.15:1	DNP 1.45:1	DNP 1.85:1	DNP 2.83:1	AA18 4.45:1	AA 6.97:1
#9E9E9E 100%	DNP 2.49:1	DNP 2.25:1	DNP 1.94:1	DNP 1.67:1	DNP 1.3:1	DNP 1.03:1	DNP 1.23:1	DNP 1.88:1	DNP 2.95:1	AA 4.63:1
#757575 100%	AA18 4.28:1	AA18 3.87:1	AA18 3.34:1	DNP 2.88:1	DNP 2.24:1	DNP 1.77:1	DNP 1.39:1	DNP 1.09:1	DNP 1.72:1	DNP 2.69:1
#5C5C5C 100%	AA 6.21:1	AA 5.62:1	AA 4.84:1	AA18 4.17:1	AA18 3.25:1	DNP 2.57:1	DNP 2.02:1	DNP 1.32:1	DNP 1.18:1	DNP 1.85:1
#474747 100%	AAA 8.63:1	AAA 7.81:1	AA 6.73:1	AA 5.8:1	AA 4.52:1	AA18 3.57:1	DNP 2.8:1	DNP 1.84:1	DNP 1.17:1	DNP 1.33:1
#333333 100%	AAA 11.74:1	AAA 10.62:1	AAA 9.16:1	AAA 7.89:1	AA 6.15:1	AA 4.86:1	AA18 3.81:1	DNP 2.5:1	DNP 1.59:1	DNP 1.01:1
#1F1F1F 100%	AAA 15.32:1	AAA 13.85:1	AAA 11.95:1	AAA 10.3:1	AAA 8.02:1	AA 6.34:1	AA 4.98:1	AA18 3.26:1	DNP 2.07:1	DNP 1.32:1

コントラスト比の検証結果は資料として残しておきましょう。セクションツールを選択してコントラストグリッドを囲み⑤、セクションの名前を[ContrastGrid]とします⑥。カラーパレットも[ColorPalette]という名前でセクションにまとめてください⑦。

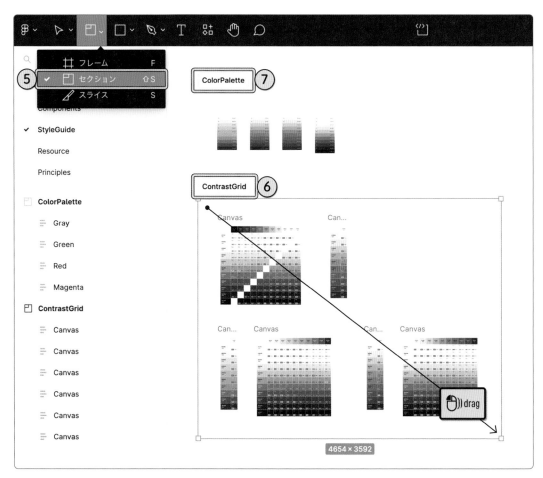

カラーパレットで色の選択肢を制限した上、コントラスト比を検証することで背景色とテキスト色の組み合わせが絞り込まれました。

デバイスによって色やコントラストの見え方は異なるため、定義した色を実機で見ておくと確実です。iOSかAndroidであれば、Figmaのモバイルアプリを使ってすぐに確認できます。

Shortcut

セクションツール

Mac	shift	S
Win	shift	S

Contrast Grid

Contrast Gridは、eightshapesという企業が公開していたWebツールを日本のHiroki Taniさんがプラグイン化したものです。元のツールでは対応できていない色の不透明度も考慮されており、さらに便利なツールに進化しています。

🔗 https://www.figma.com/community/plugin/993414361395505148/

Sample File

🔷 Design System 3-4

Chapter 4

デザイントークン

UIデザインを構成する最小の要素のことを「デザイントークン」と呼び、Figmaではバリアブルとして管理します。この章では、デザイントークンを作成する意味とその設計方針を解説します。

Chapter 4　デザイントークン

01

デザイントークンの定義

色、角の半径、スペーシング、タイポグラフィなど、デザインを構成する設定値に名前をつけたものが「デザイントークン」です。デザインシステムの重要な構成要素であり、Figmaではバリアブルを使って管理します。すでに『Design System』の［PrimitiveColor］や［SemanticColor］コレクションに登録されているバリアブルもデザイントークンの一種です。

⬤ デザイントークンの目的

名前をつける

［#E30E71］という値だけではすぐに色をイメージできませんが、「color/magenta/30」という名前をつけることで、おおよその色を想像できます。名前を工夫すれば色の役割なども表現できます。

信頼できる唯一の情報源（single source of truth）

すべての設定値を一元管理し、変更は各所に伝播させます。常に「正解」を参照できるため、プロダクトの一貫性を維持できます。

デザインの統一

デザイントークンをJSONで書き出し、各環境ごとに適切なコードに変換すれば、すべてのプラットフォームを横断してデザインを統一できます。

● デザイントークンの階層

［#E30E71］よりも［color/magenta/30］と名前をつけた方が説明的では
ありますが、それでも「色の意味」や「色の用途」などの情報が足りません。
これらを表現するには、以下のようにデザイントークンを階層化します。

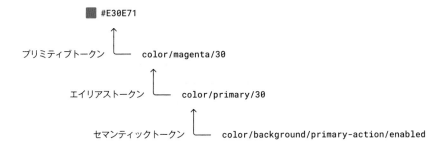

プリミティブトークン（グローバルトークン）

最も基本的なデザイントークンであり、使用される文脈の情報を持ちませ
ん。色の場合は、『Design System』の［PrimitiveColor］コレクションが
これに該当します。色のプリミティブトークンは「プリミティブカラー」とも
呼ばれ、値の代わりに使用されます。デザインには直接使用されず、次
の「エイリアストークン」から参照されます。

エイリアストークン

プリミティブトークンの別名（エイリアス）です。この章では、色のエイリ
アストークンとして［color/primary/90］などを作成しますが、これは「プ
ライマリカラーである」ことを意味しています。

セマンティックトークン

デザイントークンの役割を名前で表現し、特定の文脈で使用されます。
『Design System』の［SemanticColor］コレクションがこれに該当しま
す。特定のコンポーネントのみで使用される場合は「コンポーネントトー
クン」と呼ばれます。値を直接指定するのではなく、ほかのデザイントー
クンを参照するため、エイリアストークンの一種とも言えます。

**いずれの階層もデザイントークンの意味や役割を名前で表現しているだ
けであり、強制力はありません。** デザイナーやエンジニアは、これらの
設計方針を理解した上で適切にデザイントークンを扱う必要があります。

● テーマカラー

まずは色に関するエイリアストークンを作成しましょう。［PrimitiveColor］コレクションに定義したカラーパレットに「テーマカラー」として意味を持たせます。

color/primary

『Design System』のバリアブルパネルを開き、┊┊をクリックして［コレクションを作成］を実行します①。コレクションの名前は［ThemeColor］としてください。

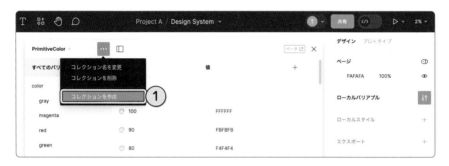

［バリアブルを作成］から［カラー］を選択し、［color/primary/90］という名前でバリアブルを追加します②。

値を右クリックして［エイリアスを作成］を選択します③。表示されるパネルで「color/magenta」を検索し、表示された［color/magenta/90］を選択してください④。

［color/primary/90］を選択した状態で shift enter を押し、バリアブル
を複製します。名前を［color/primary/80］に変更し⑤、エイリアスをク
リックして［color/magenta/80］を指定しましょう⑥。

Memo

バリアブルは同じグループ内に
複製されるため、名前に［color/
primary/］を入力する必要はあ
りません。

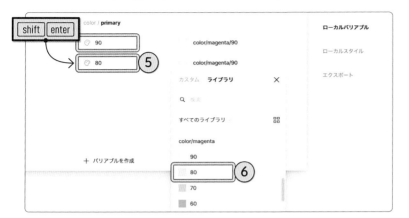

この作業を繰り返して［color/primary/90］～［color/primary/5］を作成
してください。作業した結果は以下のようになります。具体的な色そのも
のであるプリミティブトークンを参照し、「プライマリカラーである」とい
う意味を持つエイリアストークンを作成しました。

ThemeColor	···	⬚		ベータ	×

デザイン　プロトタイプ

すべてのバリアブル	10	名前		値		+

ページ

FAFAFA　　100%

ローカルバリアブル

color					
primary					
		color / primary			
		🎨 90		color/magenta/90	
		🎨 80		color/magenta/80	
		🎨 70		color/magenta/70	
		🎨 60		color/magenta/60	
		🎨 50		color/magenta/50	
		🎨 40		color/magenta/40	
		🎨 30		color/magenta/30	
		🎨 20		color/magenta/20	
		🎨 10		color/magenta/10	
		🎨 5		color/magenta/5	

＋　バリアブルを作成

ローカルスタイル　　＋

エクスポート　　＋

color/neutral

「gray」には「neutral」という別名をつけます。［バリアブルを作成］から
カラーバリアブルを追加し①、［color/neutral/100］を作成します②。エ
イリアスを作成して［color/gray/100］を指定してください③。

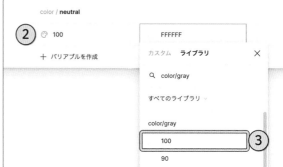

同じ作業を繰り返して［color/neutral/100］〜［color/neutral/5］を作成し
ます。特定の色を表す「gray」というデザイントークンを「neutral」として
抽象化した形です。

そのほかのテーマカラー

「red」には危険を意味する「danger」、「green」には成功を意味する
「success」という別名をつけましょう。［ThemeColor］コレクションに
以下のバリアブルを追加してください。

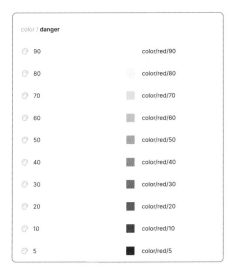

4つの色調でテーマカラーを作成できたら、カラーパレットと同じよう
に色見本を作成します。［ColorPalette］セクションをまるごと複製し、
［ThemeColor］という名前をつけてください①。各色見本のフレーム名
は［Success］②、［Danger］③、［Primary］④、［Neutral］⑤とします。

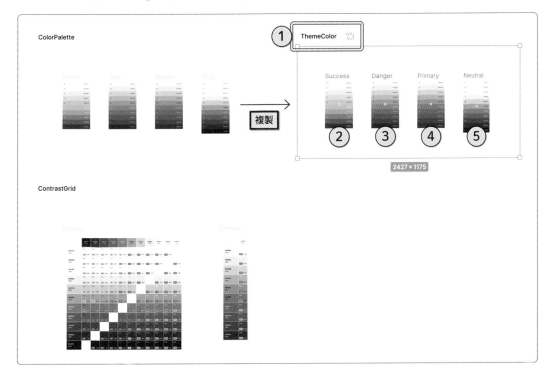

[Neutral]フレームを選択して enter を押し、すべての子要素を選択した
状態で塗りの [::] から [color/neutral/70] を適用します⑥。

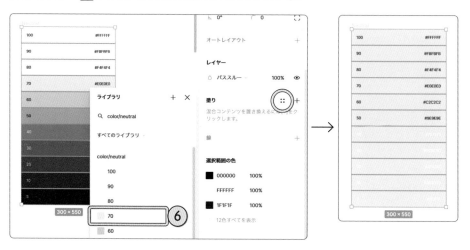

階調をひとつ選択し⑦、塗りセクションの [color/neutral/70] からバリ
アブルを差し替えます⑧。この作業を繰り返して [color/neutral/100] 〜
[color/neutral/5] の階調を完成させてください。

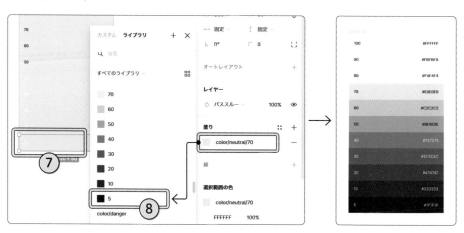

レイヤー名はテーマカラーの [Neutral]、色見本のテキストは設定したバ
リアブルの名前に変更しておきましょう。

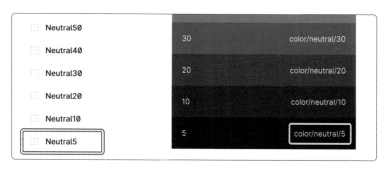

Memo

レイヤー名を一括で変更する方
法は、P111〜P112を参照してく
ださい。

同じように [Success] の色見本には [color/success/*]、[Danger] の色
見本には [color/danger/*]、[Primary] の色見本には [color/primary/*]
を設定してください。

Memo

「*」（アスタリスク）は、階調の
番号を意味しています。

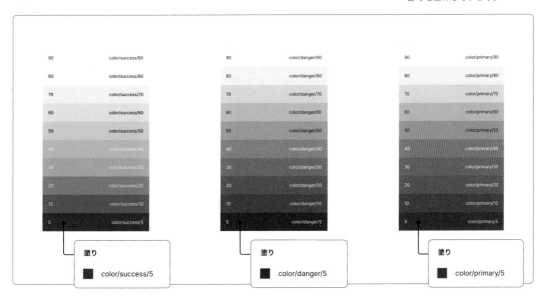

[ColorPalette] セクションと [ThemeColor] セクションは同じに見えます
が、目的が異なります。[ColorPalette] は「色そのもの」を表すのに対し、
[ThemeColor] には色の意味が含まれます。

[ThemeColor] を定義しておけば Web サイト全体の配色を瞬時に切り替
えられます。例えば、「冬期キャンペーンのためにプライマリカラーを青
にする」といった要件に柔軟に対応できます。具体的な方法はこの章の後
半で解説します。

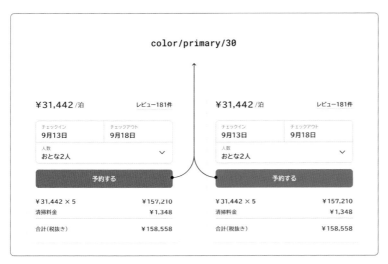

Sample File

Design System 4-1

02

セマンティックカラー

デザイントークンの役割を名前で表現したものが「セマンティックトークン」です。色の場合は「セマンティックカラー」と呼ばれ、[SemanticColor]コレクションに登録されているバリアブルが該当します。例えば、[color/text/default]は「通常のテキスト」、[color/text/subtle]は「控えめなテキスト」という色の役割を意味しており、以下が命名規則です。

```
color/{property}/{type}
          └ text      └ default
                      └ subtle
```

{property}には[text]のほかに[background]や[border]などが入ります。{type}には[subtler（より控えめな）]、[bold（強調）]、[danger（危険）]、[success（成功）]、[inverse（反転）]など、バリエーションを作るための単語を入れます。

⬤ テキスト色

[color/text/default]と[color/text/subtle]のほかに、テキストに使うセマンティックカラーを作成しましょう。

color/text/danger

[SemanticColor]コレクションの[color/text/subtle]を複製して名前に[danger]と入力①、ライトモードが[color/danger/20]、ダークモードが[color/danger/50]となるようにエイリアスを変更します②。

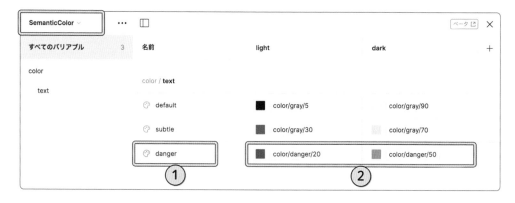

作成した［color/text/danger］は、エラーメッセージなどに使用されるテキストの色です。エイリアスの参照先がテーマカラーの［color/danger/*］になっていることを確認してください。セマンティックカラーからはプリミティブカラーを直接参照しないようにします。

前章で作成したセマンティックカラーもテーマカラーを参照するよう修正してください。［color/gray/*］ではなく［color/neutral/*］を参照するよう変更します。

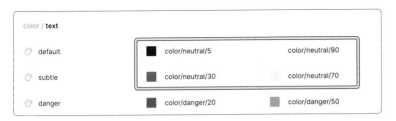

階調の選び方

ある役割に対してどの階調を選ぶかは、コントラストグリッドから導き出します。［#FBFBFB］、［#F4F4F4］、［#E0E0E0］などのグレーを背景色としたとき③、十分なコントラスト比を確保できるのは［#C20B2A］であることは前章で述べました④。この色に対応するプリミティブトークンは［color/red/20］であり、そのエイリアスである［color/danger/20］をセマンティックトークンから参照します。

	#FFF0F3 100%	#FFDBE1 100%	#FFBFC3 100%	#FF999F 100%	#FF737C 100%	#FF4D58 100%	#EB1D35 100%	#C20B2A 100%	#99001D 100%	#66000E 100%
	Text	Text	Text	Text	Text	Text	Text	Text	Text	Text
#FFFFFF 100%	DNP 1.1:1	DNP 1.27:1	DNP 1.55:1	DNP 2.03:1	DNP 2.62:1	AA18 3.25:1	AA18 4.41:1	AA 6.22:1	AAA 8.85:1	AAA 13.36:1
	Text	Text	Text	Text	Text	Text	Text	Text	Text	Text
#FBFBFB 100%	DNP 1.06:1	DNP 1.23:1	DNP 1.5:1	DNP 1.96:1	DNP 2.53:1	AA18 3.14:1	AA18 4.26:1	AA 6.01:1	AAA 8.55:1	AAA 12.91:1
	Text	Text	Text	Text	Text	Text	Text	Text	Text	Text
#F4F4F4 100%	DNP 1:1	DNP 1.15:1	DNP 1.41:1	DNP 1.85:1	DNP 2.38:1	DNP 2.95:1	AA18 4.01:1	AA 5.65:1	AAA 8.04:1	AAA 12.15:1
	Text	Text	Text	Text	Text	Text	Text	Text	Text	Text
#E0E0E0 100%	DNP 1.19:1	DNP 1.03:1	DNP 1.17:1	DNP 1.54:1	DNP 1.98:1	DNP 2.46:1	AA18 3.34:1	AA 4.71:1	AA 6.7:1	AAA 10.12:1
	Text	Text	Text	Text	Text	Text	Text	Text	Text	Text
#C2C2C2 100%	DNP 1.61:1	DNP 1.39:1	DNP 1.14:1	DNP 1.14:1	DNP 1.47:1	DNP 1.82:1	DNP 2.47:1	AA18 3.49:1	AA 4.96:1	AAA 7.5:1

ダークモードでは、[#1F1F1F]、[#333333]、[#474747]などを背景色として想定しています⑤。コントラスト比を確保できるテキスト色として[#FF737C]を選択したいところですが、背景色が[#474747]のときにレベルAAを達成できていません⑥。

	#FFF0F3 100%	#FFDBE1 100%	#FFBFC3 100%	#FF999F 100%	#FF737C 100%	#FF4D5B 100%	#EB1D35 100%	#C20B2A 100%	#99001D 100%	#66000E 100%
	AA18 4.17:1	AA18 3.61:1	DNP 2.96:1	DNP 2.26:1	DNP 1.75:1	DNP 1.41:1	DNP 1.04:1	DNP 1.35:1	DNP 1.92:1	DNP 2.9:1
#5C5C5C 100%	AA 6.05:1	AA 5.24:1	AA18 4.29:1	AA18 3.28:1	DNP 2.54:1	DNP 2.05:1	DNP 1.51:1	DNP 1.07:1	DNP 1.32:1	DNP 1.99:1
#474747 100%	AAA 8.41:1	AAA 7.28:1	AA 5.96:1	AA 4.56:1	AA18 3.53:1 ⑥	DNP 2.85:1	DNP 2.1:1	DNP 1.49:1	DNP 1.04:1	DNP 1.43:1
#333333 100%	AAA 11.43:1	AAA 9.91:1	AAA 8.11:1	AA 6.2:1	AA 4.81:1	AA18 3.88:1	DNP 2.86:1	DNP 2.03:1	DNP 1.42:1	DNP 1.05:1
#1F1F1F 100%	AAA 14.92:1	AAA 12.92:1	AAA 10.59:1	AAA 8.09:1	AA 6.27:1	AA 5.06:1	AA18 3.73:1	DNP 2.64:1	DNP 1.86:1	DNP 1.23:1

対応策として、一段階明るい[#FF999F]を選択するか、[#FF737C]を選択しつつ背景色によっては使用不可とする方針が考えられます。ここでは「赤」としての印象を優先して後者を採用します。

	#FF999F	#FF737C
#474747	Text AA 4.56:1	Text ✕ AA18 3.53:1
#333333	Text AA 6.2:1	Text AA 4.81:1
#1F1F1F	Text AAA 8.09:1	Text AA 6.27:1

Memo

ほかにも[#474747]を背景色として使用しない方針や、カラーパレットを作り直す意思決定もあり得ます。

例外がない方が望ましいですが、デザイントークンに特殊なルールが発生した場合は、バリアブルに説明を追加しておきましょう。[⚙]をクリックして編集パネルを開き、以下のように記載しておきました⑦。

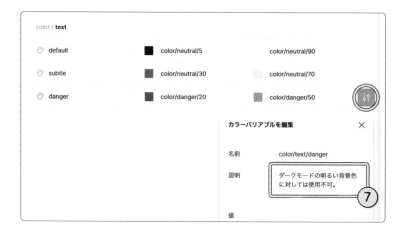

color/text/success

作例には登場しませんが、処理の成功時などに使われる色を[color/text/success]として定義しましょう。エイリアスとして[color/success/20]と[color/success/50]を指定します①。

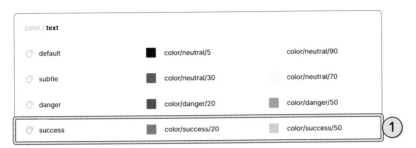

[color/text/success]にもコントラスト比の問題が発生します。ライトモードの暗い背景色に対してレベルAAを達成できていません②。バリアブルの説明に記載して使用を避ける方針とします③。

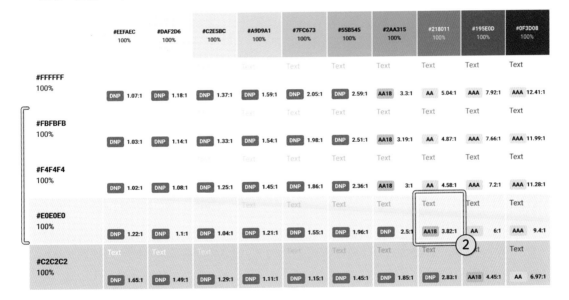

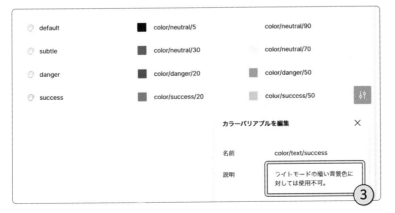

Memo

このプロダクトでは[#FFFFFF]を背景色に使用しないと決めているだけであり、使用する方針もあり得ます。その場合、コントラスト比の問題はなくなります。

color/text/primary-action

［SemanticColor］コレクションに定義されている［color/text/default］、
［color/text/subtle］、［color/text/danger］、［color/text/success］は、
いずれもコンポーネントに限定されず、汎用的に使用できます①。一方
で、ボタンのようなコンポーネントには専用のセマンティックカラーを定
義します②。

Memo

下図のUIは配色の例として掲載
しています。作例には登場しま
せん。

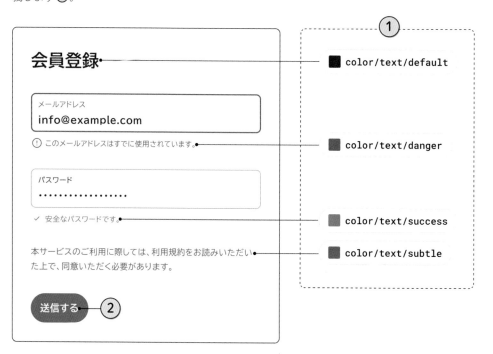

特定の文脈で使用されるセマンティックカラーには、以下のような命名規
則を採用します。**{context}**にはコンポーネントの名前を入れますが、コ
ンポーネントごとに定義するのが冗長な場合、抽象化した名前をつけま
す③。**{state}**はインタラクションの状態を意味しており、省略される場
合もあります④。

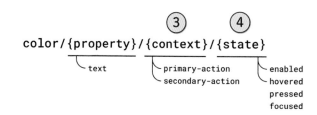

140

以下は{context}に抽象化した名前をつける例です。この２つのボタンは別々のコンポーネントですが、どちらも同じ配色パターンを使用しているため、［color/text/primary-action］という共通の名前をつけます。

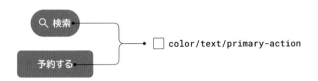

［color/text/success］を複製し、名前を［primary-action］とします⑤。ライトモードとダークモードの両方で白抜きテキストにするため、どちらのエイリアスにも［color/neutral/100］を指定してください⑥。バリアブルの説明も複製されているので忘れずに削除しておきましょう⑦。

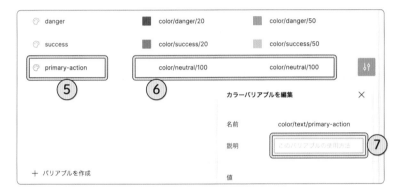

color/text/secondary-action

優先度が低いボタンのテキスト色を［color/text/secondary-action］として定義します。ライトモードとダークモードで反転させるため、エイリアスには［color/neutral/5］と［color/neutral/90］を指定してください⑧。

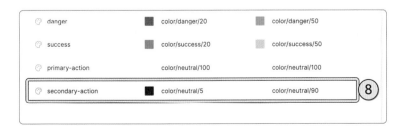

⬤ 背景色

背景色は、下図のようなパターンを想定してセマンティックカラーを定義します。Ⓐ Ⓑ Ⓒ は汎用的に使える背景色であり、Ⓓ Ⓔ は特定の文脈で使用する背景色です。

新しいカラーバリアブルを作成し、名前を［color/background/default］、値を［color/neutral/90］と［color/neutral/5］に設定してください①。同じく［color/background/subtle］と［color/background/subtler］も作成します（値は下図を参照）②。

> **Memo**
> 左図のUIは配色の例として掲載しています。作例には登場しません。

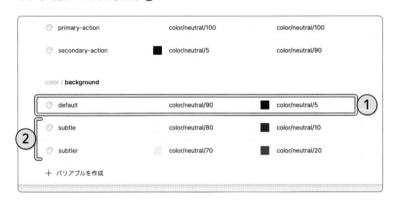

> **Memo**
> テキスト色のバリアブルを複製すると［color/text］のグループに入ってしまうので注意してください。

これらのバリアブルが背景色 Ⓐ Ⓑ Ⓒ に対応します。命名規則は汎用的なテキスト色と同じです。

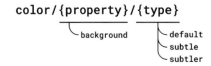

特定の文脈で使う Ⓓ Ⓔ は、以下の命名規則に従って定義します。こちらもテキスト色と同じですが、背景色には **{state}** があります。

color/{property}/{context}/{state}
↳ background

例えば、ボタンには「通常時」、「マウスオーバー時」、「押下時」の背景色が必要です。これらの状態を **{state}** で表現し［enabled］、［hovered］、［pressed］として名前をつけます。

今すぐ支払う → 今すぐ支払う → 今すぐ支払う
通常時　　　　マウスオーバー時　　　押下時

［color/background/primary-action/enabled］という名前でバリアブルを作成し、値には［color/primary/30］と［color/primary/20］を指定してください③。作成後、［enabled］を複製して［hovered］と［pressed］を追加しましょう（値は下図を参照）④。これらがボタン Ⓓ の背景色です。

subtle	color/neutral/80		color/neutral/10
subtler	color/neutral/70		color/neutral/20
color / background / **primary-action**			
enabled	color/primary/30		color/primary/20 ③
hovered	color/primary/20		color/primary/30
pressed	color/primary/10		color/primary/40
+ バリアブルを作成			

④

Memo

インタラクションが発生した際ライトモードでは明度が下がり、ダークモードでは明度が上がる配色としています。

［color/background/secondary-action/*］も下図のように作成してください。優先度の低いボタン Ⓔ の背景色に使用します。

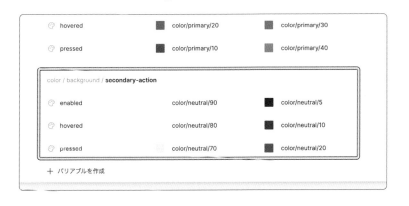

hovered	color/primary/20		color/primary/30
pressed	color/primary/10		color/primary/40
color / background / **secondary-action**			
enabled	color/neutral/90		color/neutral/5
hovered	color/neutral/80		color/neutral/10
pressed	color/neutral/70		color/neutral/20
+ バリアブルを作成			

◯ ボーダー色

最後のセマンティックカラーはボーダーの色です。汎用的に使える色を下図のように定義します①。強調するためのボーダーには[bold]を、反転する必要がある場合は[inverse]を使います。

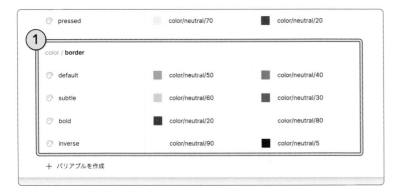

特定の文脈で使用するボーダー色も必要です。優先度の低いボタンに使用する[color/border/secondary-action/enabled]を定義しましょう②。

また、キーボード操作などでフォーカスがあたった際、ボタンの周りにボーダーを表示する想定です。

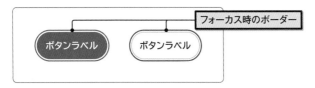

この状態の{state}を[focused]として、下図のようにバリアブルを追加してください③。[focused]は[primary-action]にも必要です④。

● ドキュメントの作成

すべてのセマンティックカラーを一覧できるドキュメントを作成しましょう。
リソースパネルの［プラグイン］タブから「Variable Color Style Guide」
を検索して［実行］します①。［SemanticColor］コレクションと［Table -
Row］を選択し、［CREATE SWATCHES］をクリックしてください②。

Memo

類似のプラグインが上位に表示
されるので注意してください。

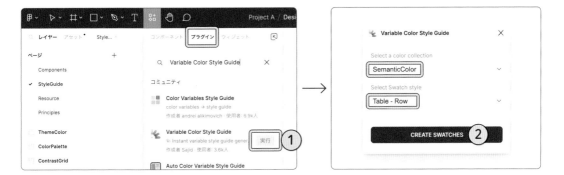

Variable Color Style Guide
🔗 https://www.figma.com/community/plugin/1270740078273146018/

新規に［Variable Color Swatches］ページが追加され、バリアブルを一
覧できるフレームが生成されます。左にライトモード、右にダークモード
のセマンティックカラーが並び、説明も挿入されます③。

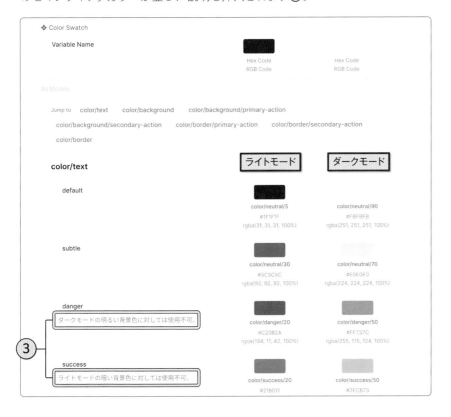

各セマンティックカラーには、エイリアスの情報も記載されています④。
ただし、デザイントークンの階層構造は考慮されていないため、テーマ
カラーの下はHex値になっています⑤。実装時には、テーマカラーがプ
リミティブカラーを参照する構造を維持するように注意してください。

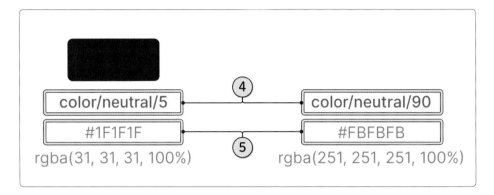

すべてのオブジェクトを選択し、右クリックから［ページに移動］＞［Style-
Guide］を実行します⑥。移動が完了したら［Variable Color Swatches］
ページは不要です。右クリックして［ページを削除］を実行してください。

［StyleGuide］ページに戻り、移動したオブジェクトをセクションでまとめ
ます。名前は［SemanticColor］としましょう⑦。

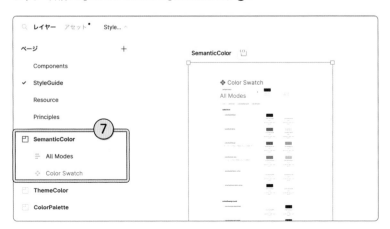

Memo

［Color Swatch］はプラグイン
によって自動生成されたコンポー
ネントです。

Sample File

Design System 4-2

03 デザイントークンの適用

定義したデザイントークンを各デザインに適用していきます。セマンティックカラーによって役割が名前で表現されているため、迷うことなく必要な色を選択できるはずです。

● コンポーネントへの適用

まずはライブラリとして公開しているコンポーネントを修正しましょう。『Design System』の［Components］ページを開いてください。

Badge

［Badge］コンポーネントを選択し①、塗りセクションの⛶から［color/background/subtle］を適用してください②。見た目に変化はありませんが、色の値がバリアブルに変わります。

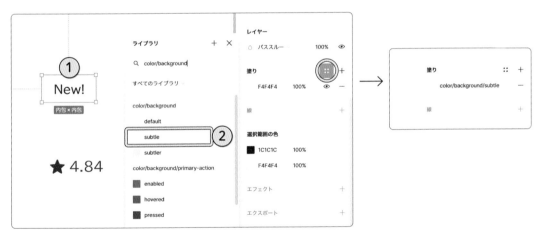

中身のテキストである［Label］には［color/text/default］を適用します③。

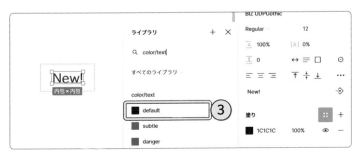

Card

[Card]コンポーネントでセマンティックカラーが適用されていない要素を修正しましょう。[FavoriteButton]を選択して ⊕ をクリックしてください①。[マッチングレイヤーを選択]が実行され、すべてのバリアントから[FavoriteButton]が選択されます。

Memo

[マッチングレイヤーを選択]は、すべてのバリアントから同じレイヤー名のオブジェクトを選択する機能です。同じように見えるオブジェクトでも、レイヤー名が異なると選択されません。

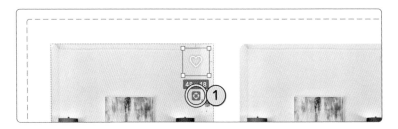

インタラクティブなUI要素につき[secondary-action]を適用します。選択範囲の色から[#FBFBFB]の ⠿ をクリックし②、[color/background/secondary-action/enabled]に変更してください③。

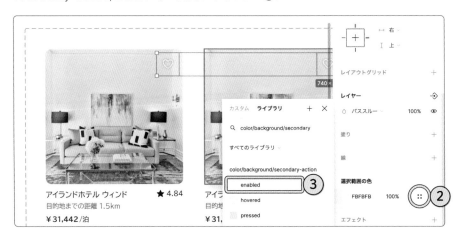

フォーカス時のボーダーにもセマンティックカラーを適用します。右端のバリアントを選択し④、線セクションの ⠿ をクリックして[color/border/secondary-action/focused]を適用してください⑤。

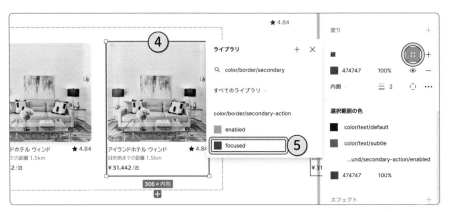

⬤ 非公開のバリアブル

デザインに適用するのは役割を名前で表現した［SemanticColor］コレクションであり、［PrimitiveColor］と［ThemeColor］コレクションは内部用のバリアブルです。誤って使用してしまわないようライブラリから除外しておきましょう。

バリアブルをライブラリから除外するには、コレクションの名前に「_（アンダースコア）」をつけます。［PrimitiveColor］を選択して $\cdots$ から［コレクション名を変更］を選択し、［_PrimitiveColor］に変更してください①。

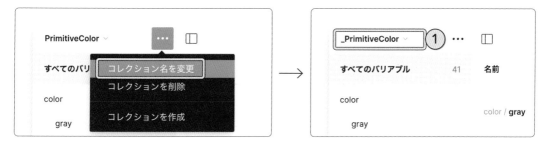

同様に［ThemeColor］を［_ThemeColor］に変更します②。

同じ方法でコンポーネントも非公開にできます。［StyleGuide］ページにある［Color Swatch］はドキュメント用のコンポーネントであり、ライブラリとして公開する必要はありません。［_ColorSwatch］にリネームしてください（アンダースコアをつけて半角スペースを削除しました）③。

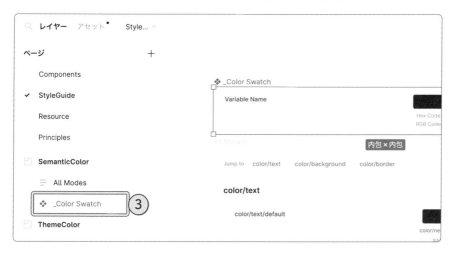

● ライブラリの更新

追加したバリアブルやコンポーネントの修正を『Web Design』ファイルで使用できるようライブラリを更新します。［アセット］タブを開いて 📖 を選択し①、表示されるパネルの［公開 ...］をクリックします②。

［PrimitiveColor］が［_PrimitiveColor］にリネームされて非公開になったため、［削除済み］と表示されます③。［変更済み］の［SemanticColor］は公開の対象です④。すべてにチェックが入っていることを確認して［公開］を実行しましょう⑤。

『Web Design』ファイルに移動し、画面右下に表示される通知の［確認］をクリックします⑥。通知が表示されない場合は［アセット］タブの 📖 をクリックしてください。

ライブラリパネルが表示され[Card]コンポーネントに変更があったことを確認できます⑦。[すべて更新]をクリックして変更を反映してください⑧。

変更のあったライブラリの要素をひとつも使用していない場合は、更新内容に何も表示されません。例えば『Web Design』に[Card]インスタンスが配置されていなければ、更新の対象が存在せず、通知なども表示されません（通知が表示されなくてもライブラリは内部的に更新されます）。

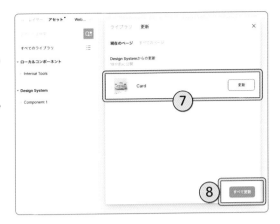

⬤ ヘッダーへの適用

[Home]画面上部に配置されているヘッダーにセマンティックカラーを適用しましょう。作業の邪魔になるため[Comments]を非表示にします①。

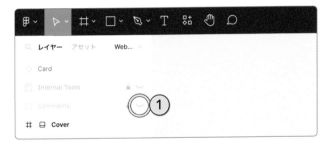

primary-action

ヘッダーのボタンと通知バッジに使われているプライマリカラーを置き換えます。[Header]レイヤーを選択し②、選択範囲の色セクションから[6色すべてを表示]をクリックしてください③。

［#E30E71］の ⸬ をクリックして［color/background/primary-action/
enabled］を適用します④。

ボタンのテキストに使われている［#FFFFFF］も変更します。 ⸬ をクリッ
クして［color/text/primary-action］を適用してください⑤。

以上で背景色とテキスト色にセマンティックカラーを適用できました。

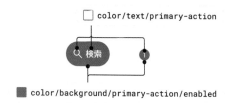

secondary-action

検索UIのロケーション、チェックイン、チェックアウト、人数もボタンの一種であり、ユーザーのアクションに反応します。[secondary-action]のセマンティックカラーを適用しましょう。ヘッダーの中にある[MenuButton]フレームをすべて選択します①。

選択範囲の色セクションから以下のようにバリアブルを適用してください。[secondary-action]に対しては控えめなテキストの色を定義していないため、[#606060]には[color/text/subtle]を指定します。

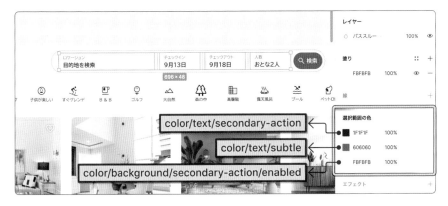

バリアブルの適用後は下図のような構造になっているはずです。

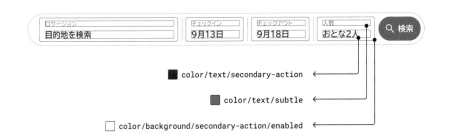

ヘッダーの中にある［AvatarButton］フレームを選択し②、選択範囲の色
セクションから以下のようにバリアブルを適用してください。

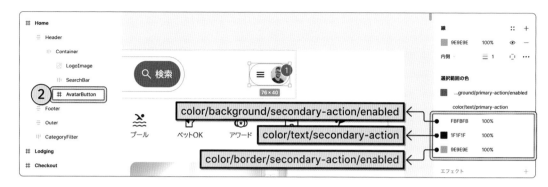

最後に［Header］全体を選択し③、汎用的なボーダーの色と背景色を適
用します。以下のように置き換えてください。

ヘッダーのすべての要素にセマンティックカラーが適用されました。選択
範囲の色にHex値が表示されないことを確認してください。

置き換えの順序

バリアブルを適用する場合は、できるだけ小さなUI要素から始めましょう。先に大きな
範囲から作業すると、間違ったセマンティックカラーを適用する可能性があります。

例えば［Header］と［AvatarButton］の背景色は同じ［#FBFBFB］ですが、役割が異
なるため別々のセマンティックカラーを適用します。ところが［Header］の選択範囲の
色から作業してしまうと、［AvatarButton］に汎用的な背景色の［color/background/
default］が適用されてしまいます。

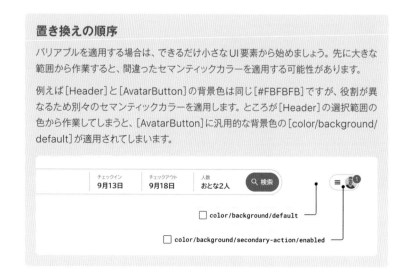

03

デザイントークンの適用

● カテゴリフィルターへの適用

[Home]画面のヘッダー下部には、宿泊施設をカテゴリで絞り込むための [CategoryFilter]があり①、その中には複数の[CategoryButton]が 並んでいます。すべての[CategoryButton]を選択してください②。

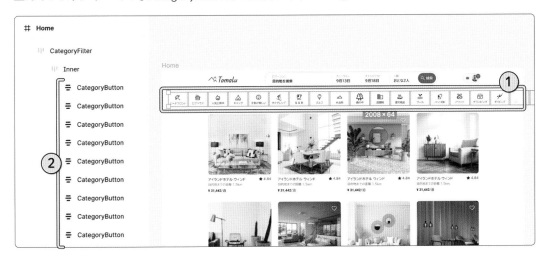

[CategoryButton]には[secondary-action]を適用します。選択範囲の 色セクションから下図のように変更しましょう。

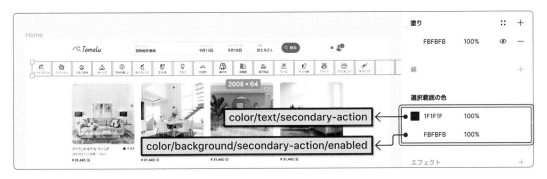

[CategoryFilter]全体を選択し、同じように色を置き換えます。こちらは ボタンではないため、汎用的なセマンティックカラーを指定してください。

● フッターへの適用

［Home］画面下部にあるフッターの色を変更しましょう。右端のボタンには［secondary-action］、そのほかには汎用的なセマンティックカラーを適用します。まずは［Footer］の中にある［Buttons］を選択し①、下図のように変更してください。

次に［Footer］全体を選択し②、同じように色を置き換えます。ボーダーに使用されている［#686868］は［color/border/default］とは異なる色ですが、一貫性を優先してセマンティックカラーに変更します。

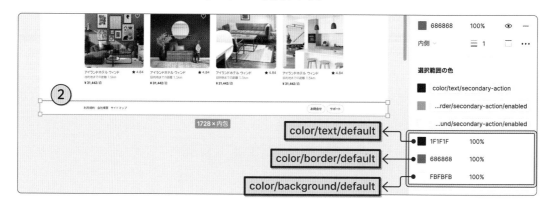

作例ファイルの問題点

上記の作業によって、作例ファイルの「ボーダーの色に一貫性がない」問題は解決します。セマンティックカラーを定義していない場合、ボーダーに使える色の選択肢が多すぎるため、問題が発生しがちです。

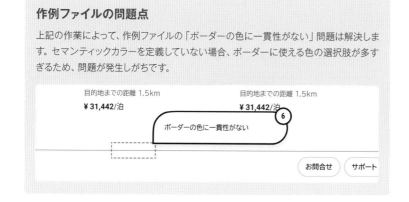

 の補足

Memo

作例ファイルの問題点については、P99を参照してください。

◉ コンポーネントの配置

[Home]画面には、12個の[Card]オブジェクトが配置されています。これらをインスタンスに置き換えましょう。[Card]インスタンスを選択してコピーしてください①。

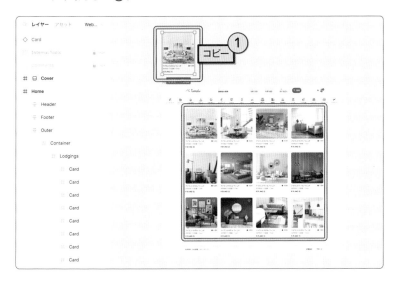

[Home]画面のすべての[Card]を選択し②、右クリックから[貼り付けて置換]を実行してください③。[Card]オブジェクトが一括でインスタンスに置き換わります。

Shortcut

貼り付けて置換

Mac	shift	⌘	R
Win	shift	ctrl	R

157

置き換わった［Card］インスタンスの写真はすべて同じになります。プラグインを使って、元のようにバリエーションのある状態にしましょう。Macは ⌘ F 、Windowsは ctrl F を押して［Thumbnail］を検索し④、検索結果をすべて選択します⑤。

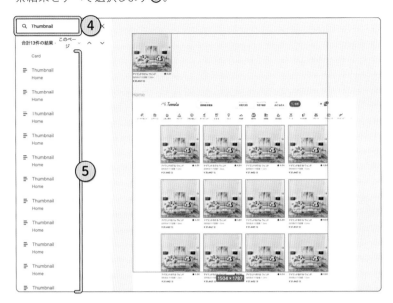

Memo

複数のレイヤーを同時に選択するには shift を押しながらレイヤーをクリックします。また、検索結果をひとつ選択した状態でMacは ⌘ A 、Windowsは ctrl A を押すと、検索結果をすべて選択できます。

［Thumbnail］を選択した状態で、リソースパネルの［プラグイン］タブから「Unsplash」を検索して実行してください。［Presets］タブの［interior］をクリックすると⑥、自動的に写真が挿入されます。

Memo

写真がランダムに挿入されるため、元の画像には戻りません。写真の読み込みが進まない場合は、プラグインを再起動してください。

Unsplash
🔗 https://www.figma.com/community/plugin/738454987945972471/

最後に［Home］全体を選択し、塗りを［color/background/default］に変更します⑦。

［Home］を選択すると、選択範囲の色セクションはセマンティックカラーだけになっているはずです⑧。Hex値が表示される場合、⊕から該当のオブジェクトにジャンプして修正してください⑨。

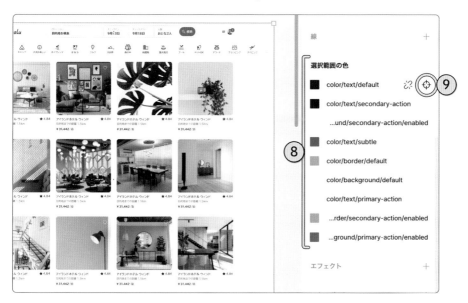

04 モードの切り替え

デザイントークンはデザインの一貫性や保守性を高め、実装との連携において重要な役割を担いますが、デザイン作業を効率化するメリットもあります。その代表例がモードの切り替えです。

● ダークモード

『Design System』の［SemanticColor］コレクションには、バリアブルのモードとして［light］と［dark］が作成されています。［dark］は画面全体を黒基調に切り替える「ダークモード」のための配色です。

ダークモードの配色

ダークモードの基本的な配色は、ライトモードの階調を反転して作成します。例えばライトモードで［color/neutral/5］を指定していれば、ダークモードでは「color/neutral/90」を指定します。

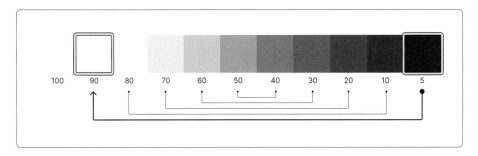

ただし色の印象やコントラスト比による調整のため、その対称性を崩す場合もあります。エラーメッセージなどに使う［color/danger/20］を反転すると［color/danger/70］になりますが、ダークモードではそれより2段階も暗い［color/danger/50］を指定しています。

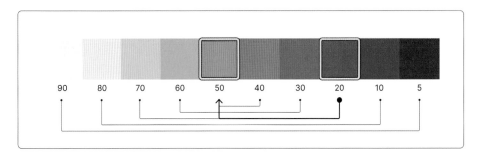

プライマリカラーはプロダクトを印象づける色であり、ダークモードでも反転しません。作例では印象を微調整するため、1段階暗い[color/primary/20]を選択しました。

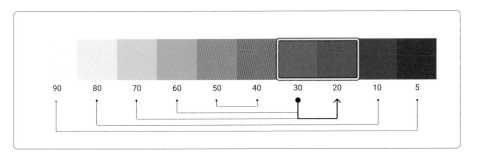

プライマリカラーが反転しないため、それを背景とするテキスト色も反転しません。ボタンに使用する[color/text/primary-action]はダークモードでも[color/neutral/100]のままです。

ダークモードの適用

[Home]画面を複製し、片方をダークモードに切り替えてみましょう。複製した[Home]を選択し、レイヤーセクションの◎から[SemanticColor]>[dark]を選択してください。モードの設定は子要素に継承されるため、すべてのUI要素の配色がダークモードに入れ替わります。適切にバリアブルを設計することで、このような効率的な作業が可能になります。

● ビットマップ画像の対応

[Home]画面左上にはロゴ画像が配置されています。ビットマップ画像はセマンティックカラーと関係がないため、ダークモードでは黒い文字が背景に溶け込んでしまってます。モードによって画像が切り替わるよう修正しましょう。

コンポーネントの作成

まずはロゴ画像をコンポーネント化します。すべてのコンポーネントはライブラリから提供するため『Design System』を開いてください。あらかじめ[Resource]ページにロゴ画像を用意しておきました①。

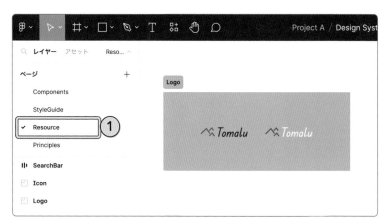

両方のロゴ画像をコピーして[Components]ページにペーストします②。どちらも選択した状態で ❖ の隣にある ▼ をクリックし、[コンポーネントセットの作成]を実行してください③。

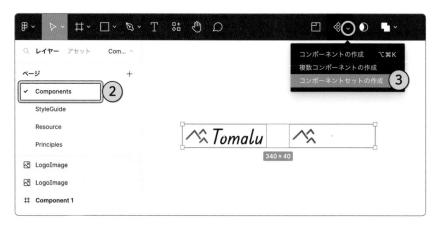

コンポーネントセットが作成され、2つの画像がバリアントに変換されます。
プロパティセクションの[⇕]をクリックし④、名前を[mode]、値を[light]
に変更しましょう⑤。この時点では両方のバリアントの値が[light]であ
り、プロパティの競合を知らせるメッセージが表示されます⑥。

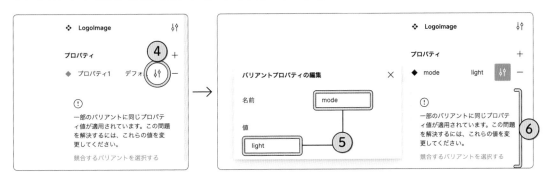

右側のバリアントを選択してプロパティの値を[dark]にしてください⑦。
競合を知らせるメッセージが消えます。

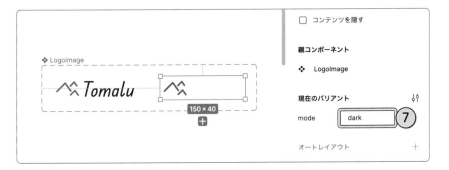

文字列バリアブルの作成

作成したバリアントとバリアブルを紐づける準備をします。バリアブルパ
ネルを開き、[SemanticColor]コレクションに文字列バリアブルを追加し
てください。

追加したバリアブルの名前は［mode］、値は［light］と［dark］とします。

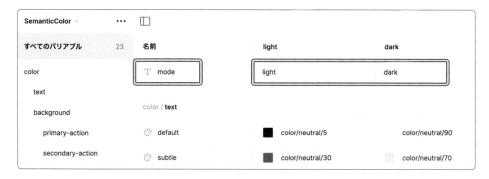

作成したコンポーネントとバリアブルを公開してください。いつものように［アセット］タブの📖から作業します。

バリアントとバリアブルの紐づけ

『Web Design』に戻り、［アセット］タブから［LogoImage］をキャンバスにドラッグします。配置されたインスタンスをコピーしてください①。

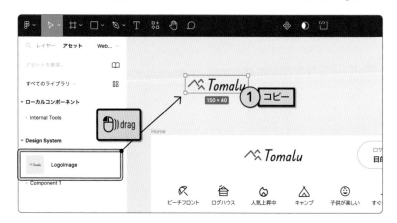

両方の［Home］画面から［LogoImage］を選択し、右クリックから［貼り付けて置換］を実行します②。

164

［LogoImage］が選択された状態のまま、［mode］プロパティに表示される
⬡をクリックします③。［Design System / SemanticColor］の［mode］
を適用してください④。

バリアントプロパティの［mode］と、文字列
バリアブルの［mode］が紐づき、ロゴ画像が
ダークモード用に置き換わります。

少し複雑な構成ですが次のような流れです。まず［Home］画面のモード
が［dark］モードに変更されます⑤。それによって［SemanticColor］の
［mode］バリアブルの中身が［dark］という文字列に変わります⑥。その
文字列がバリアントプロパティに割り当てられているため、ダークモード
用のロゴ画像が表示される結果となります⑦。

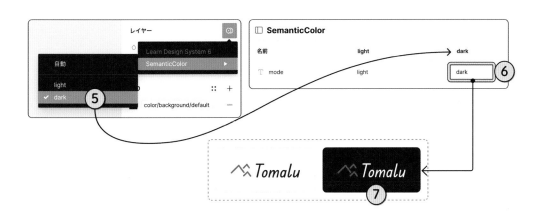

Sample File

🔷 Design System 4-4-1　　🔷 Web Design 4-4-1

● テーマ

テーマカラーという中間的なデザイントークンがあることで、さらに柔軟な切り替えが可能です。「冬期キャンペーン中はプライマリカラーを青にする」という要件を仮定し、そのデザインを効率的に作成しましょう。

プリミティブカラーの追加

『Design System』の [_PrimitiveColor] コレクションに [color/blue/90] ～ [color/blue/5] のバリアブルを作成してください①。[ColorPalette] セクションには忘れずに色見本を追加しておきます②。

Memo

青の階調は下図を参考にするか Color Shades を使って作成してください（P108を参照）。

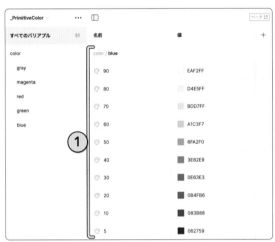
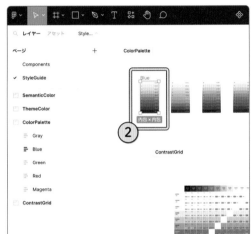

テーマカラーのモードを作成

[_ThemeColor] コレクションの ＋ をクリックしてモードを追加し③、名前をダブルクリックして [default] と [winter] に変更します④、[winter] のプライマリカラーを青の階調に変更してください⑤。

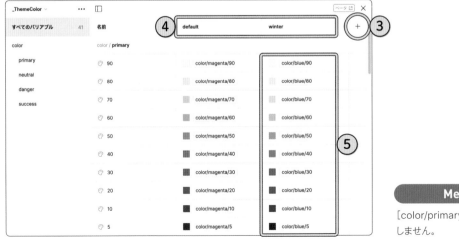

Memo

[color/primary/*] 以外は変更しません。

［アセット］タブの📖から変更を公開し⑥、『Web Design』に戻ってライブラリを更新してください⑦。

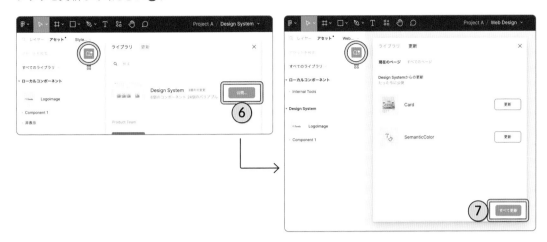

テーマを切り替える

ライトモードとダークモードの［Home］を複製します。複製した2つの［Home］を選択し、レイヤーセクションの⚙から［_ThemeColor］>［winter］を適用するとプライマリカラーが青に入れ替わります⑧。この画面への影響度は小さいですが、すべてのプライマリカラーが一括で変更される点が重要です。UI要素の色を個別に変更する必要がないため、効率的かつ作業漏れの心配がありません。

Memo

ロゴ画像は入れ替わりません。対応するには、青系のロゴ画像を作成してバリアントとバリアブルを紐づけます（P162を参照）。

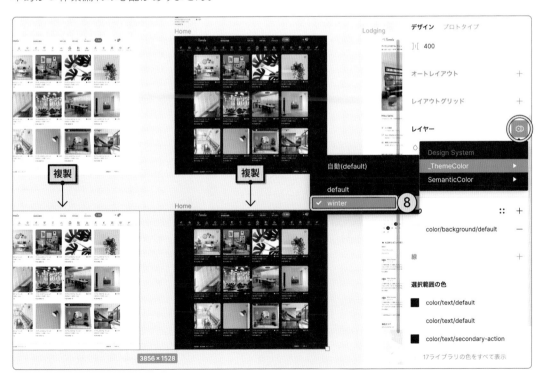

色の抽象化や階層化は面倒で複雑に感じるかもしれませんが、適切な色の設計は拡張性の高いデザインシステムの基礎となります。本書の設計では合計4種類の配色パターンを管理しており、新たなパターンにも柔軟に対応できます。テーマを変更する必要がなければ、中間的なテーマカラーを省略して2階層にしても構いません。要件に合った設計を検討してください。

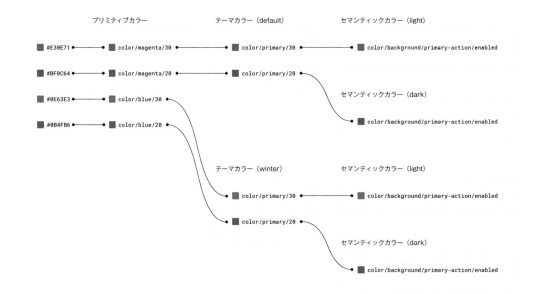

以降も［Home］画面に変更を加えるため、［dark］と［winter］の画面は削除してください。作業に使用した［LogoImage］や［Card］のインスタンスも削除しておきましょう。

Sample File

Design System 4-4-2

Web Design 4-4-2

Chapter 5

タイポグラフィ

タイポグラフィもデザインを構成する重要な要素であり、デザイントークンとして細かな単位に分解できます。調和の取れたタイポグラフィの設計とその管理方法を解説します。

01

書体とスケール

文字をバランスよく配置してデザインを構成する技術を「タイポグラフィ」といいますが、UIデザインにおいては、書体、サイズ、行間などの設定をパターン化するという意味も含まれます。プロダクトの個性と保守性を両立するような設計を検討し、デザインシステムに組み込みます。

◯ 書体

書体はブランドやプロダクト全体に影響するため、デザイン以外の視点も必要です。書体を選定する際に考慮すべきいくつかの観点を紹介します。

システムフォント

ユーザーの端末に最初からインストールされている書体を「システムフォント」といいます。macOSやiOSは「ヒラギノ角ゴシック」、Windowsは「游ゴシック」、Androidは「Noto Sans CJK」がシステムフォントであり、ライセンスや読み込み時間を心配することなく使用できます。各環境で見た目が異なるため、「書体を選定しない」方針となります。

データ容量

すべての環境で同じ書体を表示するには、書体ごとにフォントを読み込みます。データ容量の大きい日本語フォントをWebサイトで利用する場合、使用するフォントファミリーやフォントウエイトを限定する、必要な文字だけのサブセットを作成する、フォントを遅延読み込みさせるなど、画面表示までの時間をできるだけ短縮するような考慮が必要です。

ライセンス

手元に所有しているフォントだからといって、アプリやWebサイトに使用できるとは限りません。例えば、DTPで広く利用されている「Morisawa Fonts」は、Webサイトでの利用を許可していません。書体の選定時にはフォントのライセンスや契約内容を正確に把握しておく必要があります。

Webフォント

「Adobe Fonts」、「TypeSquare」、「FONTPLUS」などのWebフォント
サービスでは、日本語フォントをWebサイトで使えるようにライセンスが
整備されています。ただし各サービスによって利用できるフォントが異な
るため、使用する書体、ライセンスの範囲、利用料金などを総合的に判
断する必要があります。

Memo

Webフォントであっても、アプリに組み込むには別途ライセンス契約が必要な場合があるので注意してください。

Google Fonts

Webフォントサービスの「Google Fonts」は、無料で利用できる上に多く
のフォントが「SILオープンフォントライセンス」で提供されており、Web
サイトとアプリの両方で利用可能です。

Figmaでは最初からGoogle Fontsを使えるように連携されています。何
もしなくてもデザインファイルから利用できますが、フォントを選定する際
は公式ページが便利です。言語から［Japanese］を選択すると日本語フォ
ントの一覧が表示され①、テキストを入力するとプレビューを変更できま
す②。

Memo

SILオープンフォントライセンスのフォントは、商用利用を含め自由に利用できます。

本書ではGoogle Fontsの「BIZ UDPゴシック」を採用します（Figmaでの
表示名は「BIZ UDPGothic」）。漢字の細かな部分が省略されており、小
さな文字でも認識しやすいのが特徴で、教育やビジネスの分野で広く使
われています。フォントウエイトは「Regular 400」と「Bold 700」の両方
を使用します。

Memo

「BIZ UDPゴシック」はプロポーショナルフォント、「BIZ UD ゴシック」は等幅フォントです。プロポーショナルフォントは、自然で読みやすくなるよう文字幅が調整されています。

Google Fonts

🔗 https://fonts.google.com/

● スケール

タイトル、見出し、本文、キャプション、ボタンラベルなどは、それぞれ
テキストの大きさが異なります。場当たり的にフォントサイズを選ぶので
はなく、プロダクト全体に調和をもたらすためのルールが必要です。

あらかじめ決められた一連のフォントサイズのことを「スケール」と呼び、
フォントサイズに一定の比率を掛けることで作成できます。例えば、フォ
ントサイズの基準を「16px」、比率を「1.2」とした場合のスケールは以下
のようになります。

Base Value: 16   Scale: 1.2

47.7760009765625px 2.986rem	ホテルを予約するなら7日前がお得！
39.80799865722656px 2.488rem	ホテルを予約するなら7日前がお得！
33.183998107910156px 2.074rem	ホテルを予約するなら7日前がお得！
27.648000717163086px 1.728rem	ホテルを予約するなら7日前がお得！
23.040000915527344px 1.440rem	ホテルを予約するなら7日前がお得！
19.200000762939453px 1.200rem	ホテルを予約するなら7日前がお得！
16px 1.000rem	ホテルを予約するなら7日前がお得！
13.32800006866455px 0.833rem	ホテルを予約するなら7日前がお得！
11.104000091552734px 0.694rem	ホテルを予約するなら7日前がお得！

比率には「1.125」、「1.200」、「1.250」、「1.333」、「1.414」、「1.5」
などが用いられます。これらの数字は「音律」を由来としており、基準音
に対する周波数比がよく使われます。実際、伝統的なタイポグラフィに関
する書籍には音楽にまつわる話が多く登場します。

Memo

音律以外にも、等差数列、調和
数列、フィボナッチ数列、黄金
比などを工夫してスケールを作
成する場合もあります。

プラグイン

プラグインを使ってスケールを作成してみましょう。『Design System』の
[StyleGuide] ページを開き、テキストオブジェクトを追加してください。
フォントを [BIZ UDPGothic]、サイズを [16] に設定します①。

テキストオブジェクトを選択し、リソースパネルの [プラグイン] タブから
「Typescales」というプラグインを実行してください。

Typescales

🔗 https://www.figma.com/community/plugin/739825414752646970/

[Scale] を [1.2] に変更し②、[Round Values] をクリックしてフォントサ
イズに小数点が含まれる状態にします③。[Generate] を押してスケール
をキャンバスに挿入してください④。

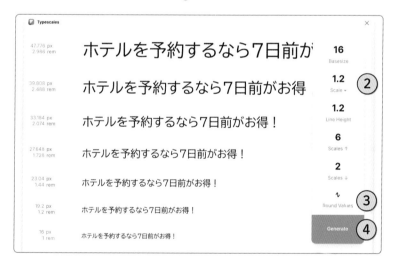

5

Memo

スケールの作成後、基準となっ
たテキストオブジェクトは不要
です。削除してください。

フォントサイズを表示しているフレームの横幅が小さく、表記がはみ出し
ています⑤。幅を [160] に修正しておきましょう。

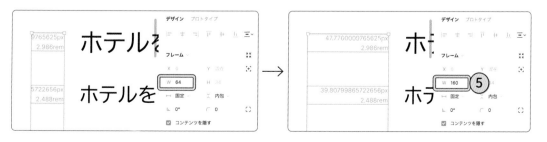

フォントサイズの調整

各フォントサイズの端数を切り上げし、下表のような整数に変更してください。最も小さな「11.104...」を「12」に丸める恣意的な操作ですが、フォントサイズの下限を引き上げて可読性を担保する目的があります（Figmaでは小数点第二位までしか表示されません）。

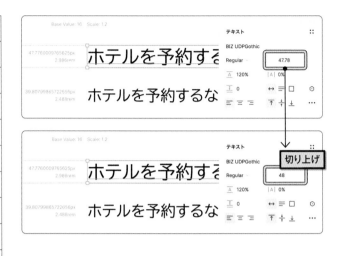

変更前	変更後
47.7760009765625px	48px
39.80799865722656px	40px
33.183998107910156px	34px
27.648000717163086px	28px
23.040000915527344px	24px
19.200000762939453px	20px
16px（基準）	16px
13.32800006866455px	14px
11.104000091552734px	12px

> **Memo**
> 「Lighthouse」という Web サイトの検証ツールにおいても、12px 未満のテキストが多くなるとスコアが低下してしまいます。

原形がなくなるほど変えてしまっては意味がありませんが、プラットフォームの特性やベストプラクティスに合わせるため、上記のようにスケールの値を操作することがあります。

このスケールはドキュメントとして活用していくため、フォントサイズの「px」と「rem」の値を更新してください。remとは、基準のフォントサイズ（16px）との比率であり、CSSの実装に使用される単位です。変更後は、3.0rem、2.5rem、2.125rem、1.75rem、1.5rem、1.25rem、1.0rem、0.875rem、0.75remとなります。

> **Memo**
> プラグインで自動生成されたレイヤーの不透明度が低いため、[100%] に変更して見やすくしています（下図の黄枠部分）。

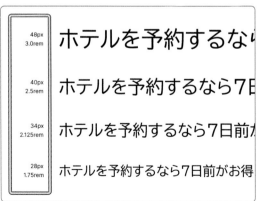

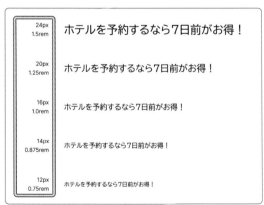

02 行間と文字間隔

● 行間の調整

Figmaの行間処理はCSSと同じであり、文字の上下に「ハーフレディング（Half leading）」と呼ばれる余白が生まれます。フォントサイズが24pxで行間が40pxの場合、行間からフォントサイズを引いた16pxを2で割った結果（8px）がハーフレディングの高さです。文字はボックスの中央に配置され、行間が大きくなれば上下のハーフレディングが拡大します。

> **Memo**
>
> 印刷に特化した「Illustrator」や「InDesign」などのアプリケーションでは「行送り」が使われ、文字の下部だけに余白（レディング）が生まれます。

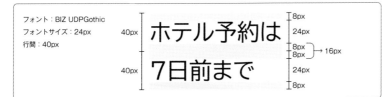

フォント：BIZ UDPGothic
フォントサイズ：24px
行間：40px

40px　ホテル予約は7日前まで　8px / 24px / 8px

上下のハーフレディングは行ごとに発生し、1行目と2行目の間には倍の余白が生まれます。

フォント：BIZ UDPGothic
フォントサイズ：24px
行間：40px

40px　ホテル予約は
40px　7日前まで

8px
24px
8px
8px → 16px
24px
8px

行間はパーセンテージでも指定できます。行間「165%」はフォントサイズの1.65倍であり、こちらもCSSの挙動と同じです。ただし端数が四捨五入されるため、Figmaでのテキストボックスの高さは整数になります。

> **Memo**
>
> CSSの実装では「1.65」のように単位なしの比率で指定します。

フォント：BIZ UDPGothic
フォントサイズ：24px
行間：165%

24px　ホテル予約は　165%　ホテル予約は　39.6px（40px）

行間に何も指定しない場合は「自動」と表示され、フォントの初期値が使用されます。

> **行間をめぐる冒険**
>
> 行間の考え方は文字を扱う環境によって変わってきました。以下の記事では、グーテンベルク以後の歴史とFigmaの方針が綴られています。
>
> 🔗 https://www.figma.com/blog/line-height-changes/

日本語の行間は150%～200%にすると読みやすいと言われていますが、フォントサイズによって行間を調整する必要があります。まずは、すべてのサンプルテキストを下図のように改行し、行間を［175%］に変更してください①。

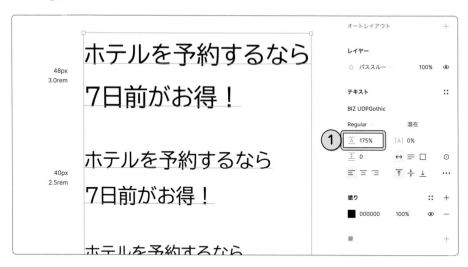

結果を確認すると、大きなフォントサイズでは行間が空きすぎているように見えます。上から順に［150%］、［150%］、［153%］の行間に変更してください。

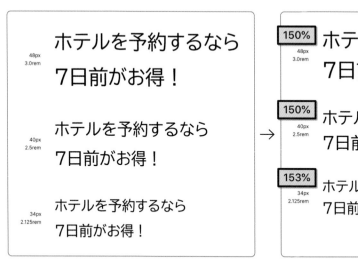
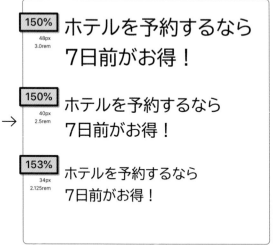

02

行間と文字間隔

Memo

行間に数値だけ入力すればピクセル指定、%をつければパーセンテージ指定、値を消して enter を押せば［自動］になります。

基準のフォントサイズを除き、そのほかの行間をおおよそ160%～170%に設定します。具体的な行間設定は下表を参考にしてください。パーセンテージを掛けると何ピクセルに相当するのかも記載しておきました。

フォントサイズ	48px	40px	34px	28px	24px	20px	16px	14px	12px
行間（%）	150%	150%	153%	157%	167%	160%	175%	171%	167%
行間（px）	72px	60px	52px	44px	40px	32px	28px	24px	20px

これらのパーセンテージは、テキストボックスの高さが「4」や「8」の倍数になるよう逆算して決めています。次の章で解説する「バーティカルグリッド」では、縦方向に8pxのグリッドを作成し、そのグリッドに沿うようにしてUI要素を配置するからです。とはいえ、バーティカルグリッドを強制することでレイアウトの印象や可読性が犠牲になっては本末転倒です。4か8の倍数をできるだけ尊重しつつ、適切な見た目になる行間設定を優先しましょう。

● 文字間隔の調整

小さな文字でも読みやすい「BIZ UDPGothic」ですが、文字間隔が少し詰まりすぎています。アクセシビリティのガイドライン（WCAG 2.1）では、文字間隔をフォントサイズの 0.12% 以上にすることをレベル AA の達成基準としていますが、0.12% ではまだ詰まって見えており、3% の文字間隔を設定したテキストの方が読みやすい印象です。

ホテルを予約するなら7日前までがお得です！
あなたにマッチした滞在先を素早く見つけるに
は通知機能が便利です。

0.12%

ホテルを予約するなら7日前までがお得です！
あなたにマッチした滞在先を素早く見つけるに
は通知機能が便利です。

3%

必要な文字間隔はフォントによって異なります。macOSの「ヒラギノ角ゴシック」は 0% でも自然な文字組みに見え、3% では少し空きすぎた印象になります。

ホテルを予約するなら7日前までがお得です！
あなたにマッチした滞在先を素早く見つける
には通知機能が便利です。

0%

ホテルを予約するなら7日前までがお得で
す！あなたにマッチした滞在先を素早く見つ
けるには通知機能が便利です。

3%

「BIZ UDPGothic」はモリサワの UD フォントシリーズのひとつです。UD フォントの文字は大ぶりに設計されているため、ほかのフォントを使うときよりも文字間隔や行間を広げると文章が読みやすくなります。

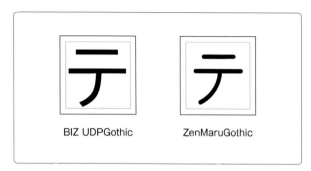

BIZ UDPGothic　　　ZenMaruGothic

スケールの文字間隔を調整しましょう。フォントサイズ［16px］、［14px］のテキストを選択して文字間隔を［3%］に変更してください⑤。［12px］のテキストは［4%］に設定します。

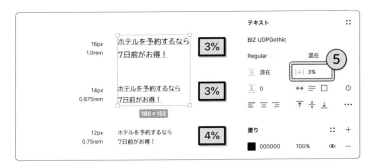

大きなフォントサイズでは、テキストが間延びしないよう小さめの文字間隔を設定します。下図を参考に設定を行ってください。

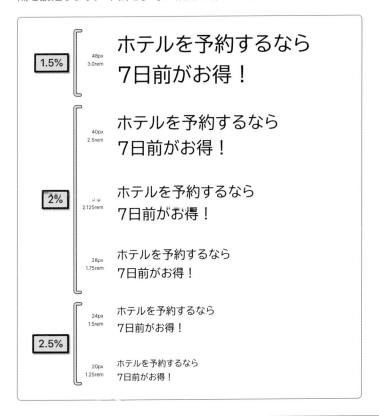

スケールのフレーム名を［TypeScale］に変更し、各フォントサイズに対する注釈を更新しておきましょう。上からフォントサイズ（pxとrem）、行間（%）、文字間隔（%）を記載します⑥。

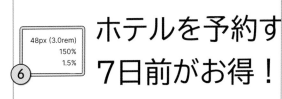

03 タイポグラフィのデザイントークン

作成したスケールには、書体、フォントサイズ、行間、文字間隔などの
情報が含まれています。これらの情報をデザイントークンとして管理しま
しょう。『Design System』のバリアブルパネルを開き、［Typography］
という新しいコレクションを作成してください。

● プリミティブトークン

書体

書体のデザイントークンにはフォント名とウエイトが必要です。**文字列バ
リアブル**を新規に作成してください①。

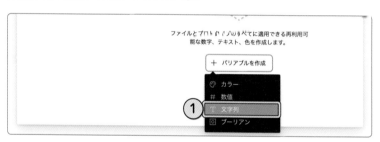

バリアブルの名前は［font-family/default］、値は［BIZ UDPGothic］とし
ます②。続けてウエイトのバリアブルを追加しましょう。［font-weight/
normal］と［font-weight/bold］を作成し、値を［Regular］と［Bold］とし
てください③。

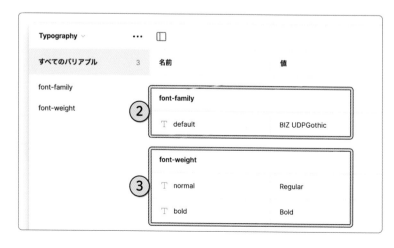

Memo

ウエイトの定義はフォントによっ
て異なります。標準のウエイトが
［W4］や［R］の場合もあるため、
本書では［normal］として統一
します。CSSの「font-weight」
の初期値も［normal］です。

フォントサイズ

スケールをデザイントークンとして定義するため、プリミティブカラーと同じように番号を割り当てます。この番号は単なる識別子でありフォントサイズの値とは直接関係ありません。

スケール	90	80	70	60	50	40	30	20	10
フォントサイズ	48px	40px	34px	28px	24px	20px	16px	14px	12px

[font-size/90]～[font-size/10]を**数値バリアブルとして**以下のように登録してください。

font-family   font-size

font-weight

font-size

     #   90   48

     #   80   40

     #   70   34

     #   60   28

     #   50   24

     #   40   20

     #   30   16

     #   20   14

     #   10   12

行間と文字間隔

CSSでの指定方法に合わせ、行間と文字間隔はパーセンテージではなく比率で作成します。行間を[line-height/90]～[line-height/10]、文字間隔を[letter-spacing/90]～[letter-spacing/10]として、どちらも数値バリアブルで作成してください。

line-height	
# 90	1.5
# 80	1.5
# 70	1.53
# 60	1.57
# 50	1.67
# 40	1.6
# 30	1.75
# 20	1.71
# 10	1.67

letter-spacing	
# 90	0.01
# 80	0.02
# 70	0.02
# 60	0.02
# 50	0.03
# 40	0.03
# 30	0.03
# 20	0.03
# 10	0.04

Memo

2024年2月時点で、バリアブルの値は小数点第二位までしか対応していません。[0.015]が[0.01]に、[0.025]が[0.03]に丸められるため、実装時には注意してください。

● セマンティックトークン

タイポグラフィにおいても役割を名前で表現するセマンティックトークンを作成します。各フォントサイズの役割を以下に整理しました。16pxは見出し、本文、UIラベルに使用されるなど、同じフォントサイズでも異なる役割を担うことがあります。

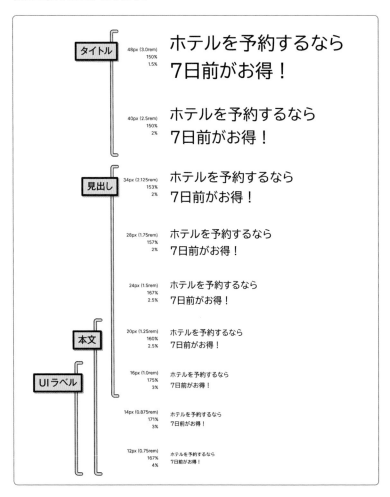

セマンティックトークンの命名規則は下図です。**{context}**には［title（タイトル）］、［heading（見出し）］、［body（本文）］、［label（UIラベル）］などが入り、**{size}**にはテキストの大きさが入ります。ウエイトを変更する場合は**{weight}**を追加しますが省略可能とします。

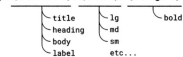

```
typography/{context}/{size}/{weight}
              ├ title      ├ lg         └ bold
              ├ heading    ├ md
              ├ body       ├ sm
              └ label      etc...
```

Memo

大きさの表現に用いられる「S / M / L」や「sm / md / lg」などの記法は「Tシャツサイズ」と呼ばれます。

◉ コンポジットトークン

タイポグラフィは複数のデザイントークンが組み合わさることで機能する特殊なデザイントークンです。このようなデザイントークンを「コンポジットトークン」と呼びますが、現在のFigmaではコンポジットトークンを作成できないため、バリアブルのグループで表現することにします。

タイトル

書体のセマンティックトークンを [typography/title/lg/font-family] として、[Typography] コレクションに文字列バリアブルで登録します。エイリアスを作成し [font-family/default] を指定しましょう①。作成された [typography/title/lg] グループをコンポジットトークンとして扱います②。

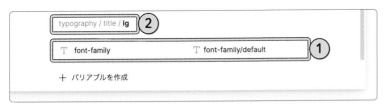

そのほかのテキスト設定も下図のように作成しましょう③。

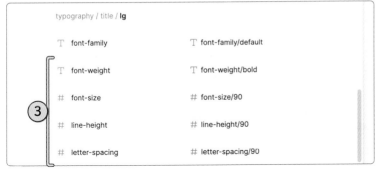

Memo

バリアブルのタイプが一致していないとエイリアスを作成できません。書体とウエイトは文字列バリアブル、それ以外は数値バリアブルで作成してください。

[typography/title/lg] のグループを右クリックして複製してください④。複製されたグループ名をダブルクリックして [md] に変更し⑤、[font-size/80]、[line-height/80]、[letter-spacing/80] を指定します⑥。

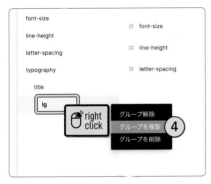

見出し

[typography/title]のグループを右クリックして複製し①、名前を変更して[typography/heading]グループを作成します②。

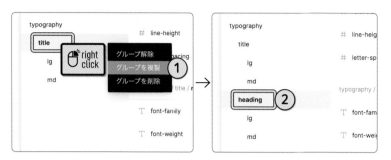

Memo

グループはドラッグして順序を入れ替えられます。

[typography/heading]グループの中に、[xl]、[lg]、[md]、[sm]、[xs]の5つのサイズを定義しましょう。具体的な値は以下を参考にしてください。

typography / heading / **xl**

T font-family	T font-family/default
T font-weight	T font-weight/bold
# font-size	# font-size/70
# line-height	# line-height/70
# letter-spacing	# letter-spacing/70

typography / heading / **lg**

T font-family	T font-family/default
T font-weight	T font-weight/bold
# font-size	# font-size/60
# line-height	# line-height/60
# letter-spacing	# letter-spacing/60

typography / heading / **md**

T font-family	T font-family/default
T font-weight	T font-weight/bold
# font-size	# font-size/50
# line-height	# line-height/50
# letter-spacing	# letter-spacing/50

typography / heading / **sm**

T font-family	T font-family/default
T font-weight	T font-weight/bold
# font-size	# font-size/40
# line-height	# line-height/40
# letter-spacing	# letter-spacing/40

typography / heading / **xs**

T font-family	T font-family/default
T font-weight	T font-weight/bold
# font-size	# font-size/30
# line-height	# line-height/30
# letter-spacing	# letter-spacing/30

本文

本文用には［typography/body/］というグループを作成し、4つのサイズを定義してください。ウエイトは［font-family/normal］です。

typography / body / **lg**

T font-family	T font-family/default
T font-weight	T font-weight/normal
# font-size	# font-size/40
# line-height	# line-height/40
# letter-spacing	# letter-spacing/40

typography / body / **sm**

T font-family	T font-family/default
T font-weight	T font-weight/normal
# font-size	# font-size/20
# line-height	# line-height/20
# letter-spacing	# letter-spacing/20

typography / body / **md**

T font-family	T font-family/default
T font-weight	T font-weight/normal
# font-size	# font-size/30
# line-height	# line-height/30
# letter-spacing	# letter-spacing/30

typography / body / **xs**

T font-family	T font-family/default
T font-weight	T font-weight/normal
# font-size	# font-size/10
# line-height	# line-height/10
# letter-spacing	# letter-spacing/10

本文（太字）

本文を太字で表示するときに使う［typography/body/{size}/bold］というグループも作成します。［font-weight］の値だけが本文と異なります。

typography / body / lg / **bold**

T font-family	T font-family/default
T font-weight	T font-weight/bold
# font-size	# font-size/40
# line-height	# line-height/40
# letter-spacing	# letter-spacing/40

typography / body / sm / **bold**

T font-family	T font-family/default
T font-weight	T font-weight/bold
# font-size	# font-size/20
# line-height	# line-height/20
# letter-spacing	# letter-spacing/20

typography / body / md / **bold**

T font-family	T font-family/default
T font-weight	T font-weight/bold
# font-size	# font-size/30
# line-height	# line-height/30
# letter-spacing	# letter-spacing/30

typography / body / xs / **bold**

T font-family	T font-family/default
T font-weight	T font-weight/bold
# font-size	# font-size/10
# line-height	# line-height/10
# letter-spacing	# letter-spacing/10

UIラベル

UIラベルはボタンや入力フォームなどに使用されるテキストです。これら
のテキストは小さな範囲に表示されることが多く、行間の余白を削除した
い場合があります。

例えば、下図はチェックインの日付を表示するUIです。上下2つのテキ
ストで構成されており8pxの間隔が空いています①。これらのテキストに
本文の行間設定を適用すると、文字の上下にハーフレディングが生まれる
ため、どんなに近づけても10pxの間隔が空いてしまいます②。

この問題を解決するには、行間がフォントサイズと同じになる設定を追加し
ます。［line-height/trim］というプリミティブトークンを定義し、値を［1］
としてください③。［1］は比率でありフォントサイズの100%を意味します。

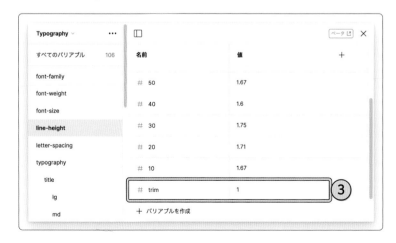

UIラベルのコンポジットトークンを[typography/label]グループとして作成
し、3つのサイズを定義しましょう。行間には[line-height/trim]を指定し
ます。小さな文字が潰れてしまわないよう[xs]のウエイトは[font-family/
normal]としました④。

2024年2月時点では、テキストのプロパティにバリアブルを適用できな
いため、タイポグラフィのバリアブルはドキュメント用です。不要なバリ
アブルをライブラリから提供しないようコレクションを非公開にしてくださ
い。非公開にするには、[コレクション名を変更]を選択して名前の先頭
に「_（アンダースコア）」を付与します。

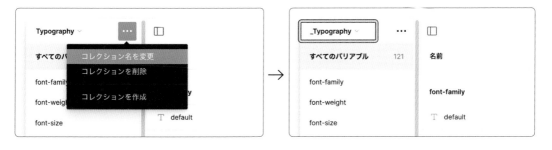

⬤ ドキュメントの作成

定義したテキスト設定を一覧できるドキュメントを作成しましょう。タイトルの見本を格納するフレームとして［Typography/Sample/Title］を作成します①。テキスト見本を複製し、コンポジットトークンの名前を記載してください。タイトルのウエイトには［font-weight/bold］が指定されているため、テキスト見本を［Bold］に変更する必要があります②。

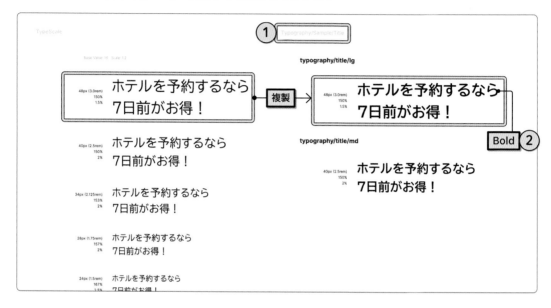

同様にして、見出し、本文、本文（太字）、UIラベルを一覧できるようなドキュメントも作成してください。UIラベルは行間を［100%］に変更し、改行は削除します。

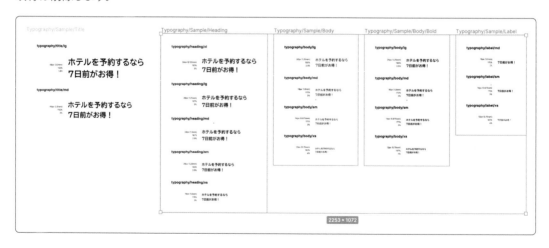

フレームの名前は、左から［Typography/Sample/Heading］、［Typography/Sample/Body］、［Typography/Sample/Body/Bold］、［Typography/Sample/Label］としています。

デザイントークンの一覧も作成します。「Variables to Frames」とい
うプラグインを検索して実行してください。プラグインが起動したら
[Publish Collection]をクリックします③。

Variables to Frames

🔗 https://www.figma.com/community/plugin/1289612698854208114/

すべてのバリアブルがコレクションごとにフレームとして挿入されます。
右端にある[_Typography]フレームのみを残し④、それ以外は削除
してください⑤。

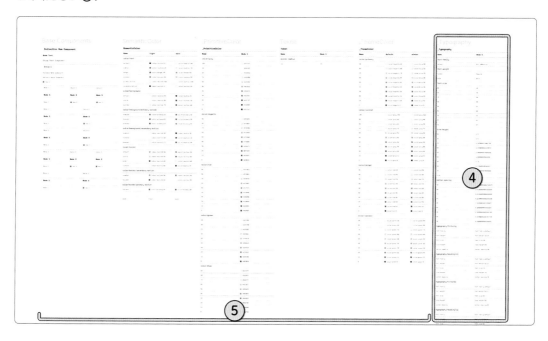

ドキュメントとして読みやすくなるようにフレームを分割して横に並べま
す。左から順に[Typography/PrimitiveToken]、[Typography/Title]、
[Typography/Heading]、[Typography/Body]、[Typography/
Body/Bold]、[Typography/Label]と名前をつけました。

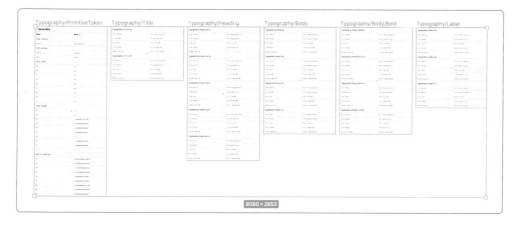

生成されたリストの先頭にはコレクションとモードの名前が挿入されています。この2行は不要なので削除してしまいましょう。

Figmaの数値バリアブルは内部的に「FLOAT型」で保存されており、行間設定の数値に誤差が生じています。正しい値に修正しておきましょう。

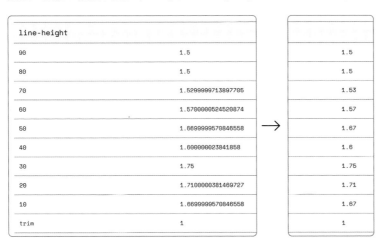

テキスト見本とバリアブルのリストをセクションで囲み、[Typography]と名前をつけたらドキュメントの完成です⑥。

Memo

FLOAT型とはプログラミングにおけるデータ型の一種です。

Memo

同じように文字間隔の数値にも誤差が生じます。上から順に、0.015、0.02、0.02、0.02、0.025、0.025、0.03、0.03、0.04に修正してください。

Shortcut

セクションツール

Mac	shift	S
Win	shift	S

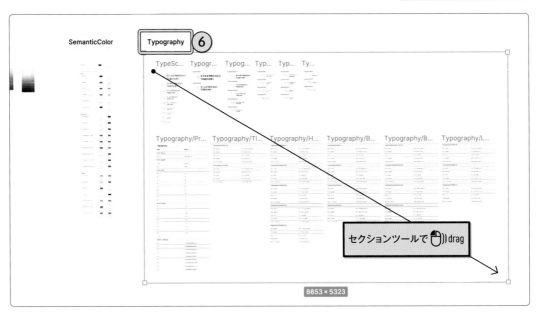

◎ テキストスタイルの作成

定義したデザイントークンを使ってテキストスタイルを登録します。テキストスタイルを作成するには、［typography/title/lg］のテキスト見本を選択し、テキストセクションの ⦂⦂ をクリック、さらに ＋ をクリックします①。名前に「typography/title/lg」と入力して［スタイルの作成］を実行してください②。

Memo

今後のFigmaのアップデートによって、テキストスタイルの設定値にもバリアブルを適用できるようになると考えられます。

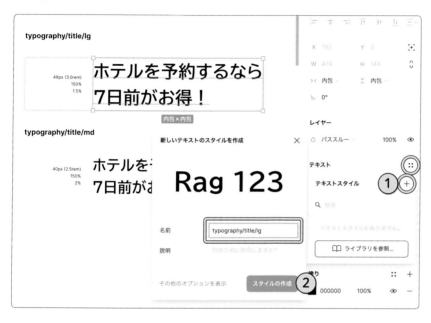

同様にして、すべてのテキスト見本からテキストスタイルを作成します。キャンバスの何もない箇所をクリックすると、作成したスタイルのリストが右パネルに表示されます③。

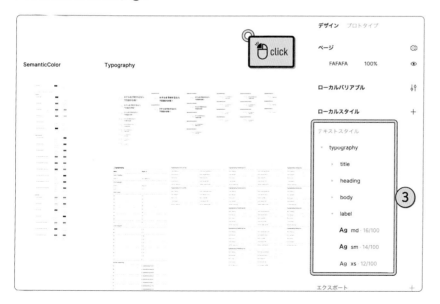

● テキストスタイルの適用

作成したテキストスタイルをコンポーネントに適用します。［Components］
ページを開いてください。

コンポーネントのテキスト

［Badge］コンポーネントの［Label］を選択し、テキストセクションの⬚
から［typography/label/xs］を検索して選択します①。［ReviewScore］
>［Score］には［typography/body/sm］を適用しましょう②。

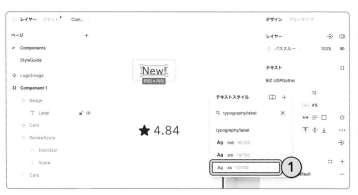

同様にして［Card］コンポーネントには以下のスタイルを適用してください。
［ReviewScore］はネストされているインスタンスであり、すでにスタイ
ルが適用されているため作業は不要です③。

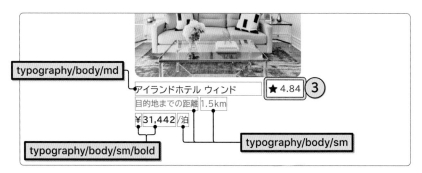

バリアントはそれぞれが独立しているため、すべてのバリアントのテキス
トにスタイルを適用する必要があります。バリアントを横断して同じオブ
ジェクトを選択するには ✛ をクリックします。

テキストスタイルと修正したコンポーネントをほかのファイルで使えるようにします。［アセット］タブの 🕮 からライブラリを公開してください。

画面デザインのテキスト

『Web Design』を開いてライブラリを更新します。［Card］のテキストを選択してスタイルが適用されていることを確認しましょう。

［Card］以外の要素はコンポーネント化されていないため、個別に作業します。［Header］のテキストには下図のようにスタイルを適用してください。

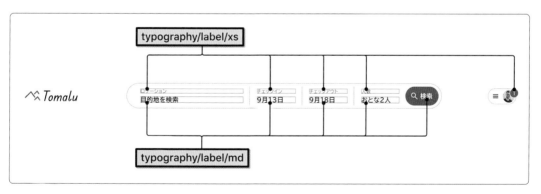

検索機能を使って［CategoryFilter］に一括でスタイルを適用しましょう。「Label」という文字列でレイヤーを検索します①。目的以外のレイヤーもヒットしますが、テキストの内容から選択すべきレイヤーを判断できます。「ビーチフロント」～「ハイキング」のレイヤーを選択してください②。

選択できたら［typography/label/xs］のスタイルを適用します③。

［Home］画面最下部の［Footer］にもスタイルを適用してください。左側のテキストには［typography/body/sm/bold］④、右側のボタンラベルには［typography/label/sm］を適用します⑤。

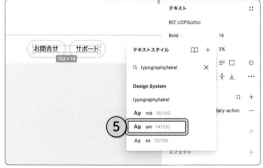

作例ファイルの問題点

これで作例ファイルの「フォントに一貫性がない」問題は解決しました。

03

タイポグラフィのデザイントークン

Chapter 6

デザインシステムの拡充

色とタイポグラフィ以外にも考慮しておきたい様々な要素があります。
最初からすべてを設計する必要はないですが、プロダクト開発と歩調
を合わせながら徐々に拡充していきましょう。

01 アイコノグラフィ

● アイコンの役割

UIデザインの文脈において「アイコノグラフィ（Iconography）」は、アイコンのスタイルを定めて作成することを意味します。アイコンは少ないスペースで素早く情報を伝達するとともに、プロダクトのアイデンティティを形成する役割があります。ブランドのトーン&マナーと一致しており、全体を通して一貫性のあるデザインが必要です。著名なアプリの「ホーム」アイコンだけを見ても、様々なスタイルがあることが分かります。

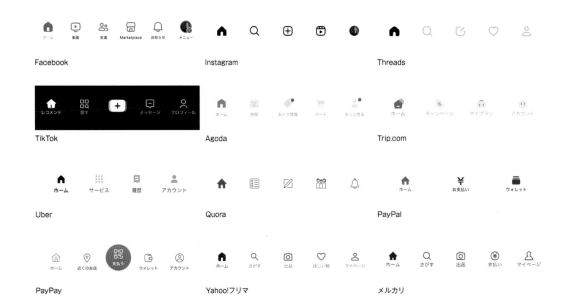

● アイコンの作成

一貫性のあるアイコンを作成するには、大枠となるルールが必要です。例えば24pxのアイコンを作成する場合、アイコンを描画する領域を20pxと決め、グリッドに沿って図形を描きます（視覚調整のために20pxの領域からはみ出す場合もあります）。

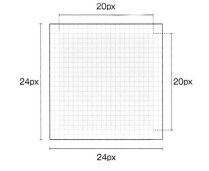

ブランドのトーン&マナーと調和する「キーライン」をガイドとして配置する場合もあります。アイコンのようなシンプルな図形は、正円、正方形、縦長の四角形、横長の四角形の組み合わせで構成されることが多く、これらがアイコンを特徴づける主要な線となります。下図の例では、右側のキーラインの方が柔らかく優しい印象です。

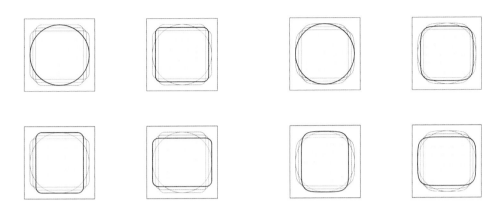

描画領域、グリッド、キーラインのほかに、いくつかのガイドラインを追加したものをアイコンのテンプレートとします。アイコンのアイデアが固まったら、右図のようなテンプレートに従って作成を開始します。

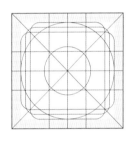

◉ 線と塗り

線の表現①と塗りの表現②の印象はまったく異なります。同じプロダクトにこれらを混在させないのが基本ですが、「通常時は線のアイコン、選択中は塗りのアイコン」のような明確な意図があれば問題ありません。ほかにも、線の先端や太さ、角の半径などに一貫性が必要です③。

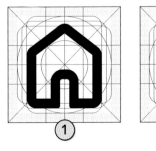
①

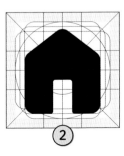
②

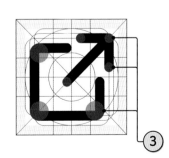
③

⬤ アイコンライブラリ

必要なアイコンが多い場合や、制作のリソースが
不足している場合は、アイコンライブラリの利用を
考えましょう。クオリティの高いアイコンをすぐに
利用できるだけでなく、実装との連携まで考慮さ
れているライブラリもあります。本書ではGoogle
が提供する「Material Symbols」プラグインを使
用します。『Design System』の[Components]
ページでリソースパネルを開き、[プラグイン]タ
ブから実行しましょう。

Material Symbols

🔗 https://www.figma.com/community/plugin/1088610476491668236/

アイコンのスタイルは[Rounded]①、[weight]は[300]②、[Optical
size]は[40dp]に設定します③。「beach」で検索すると表示されるアイ
コンをクリックし、キャンバスにアイコンを挿入してください④。同じ設
定のまま「fire」を検索して炎のアイコンも挿入します⑤。

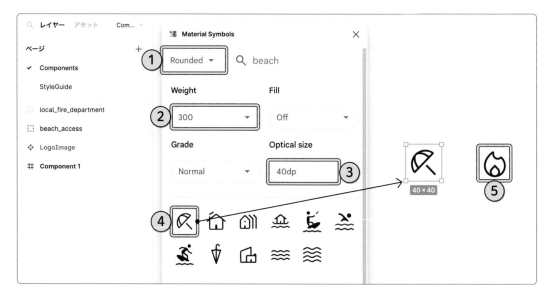

スタイルの調整

[Weight]は線の太さ、[Fill]は線と塗りの切り替えです。
ダークモードで線が太く見えてしまう場合には[Grade]
を使って微調整します。また、アイコンを単純に拡大縮
小した場合、線の太さが調整されないため印象が変わっ
てしまいます。同じ印象を維持するには[Optical size]
をアイコンのサイズに近づけましょう。

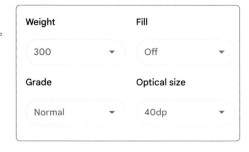

◉ コンポーネント化

プラグインによって挿入された2つのアイコンをコンポーネント化します。両方を選択して 🔷 の隣にある ▾ から［複数コンポーネントの作成］を実行してください。

アイコンライブラリを使う場合、コンポーネントの名前は悩ましい問題です。ビーチパラソルのアイコンの名前はMaterial Symbolsによって「beach_access」と定義されていますが、作例では「ビーチフロント」というカテゴリに対して使用しています。また、「local_fire_department」と定義されている炎のアイコンは「人気上昇中」の意味で使用しています。そのため、アイコンライブラリが定義した名前を尊重するか、デザインの文脈を優先して独自の名前をつけるか方針を決める必要があります。本書では後者を選択するとしてコンポーネントの名前を［Icon/BeachFront］、［Icon/Trending］に変更しましょう。

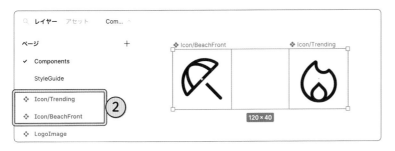

◉ 色の維持

ネストされたアイコンが入れ替えられた際、設定されていた色を維持するにはちょっとした工夫が必要です。

インスタンスをネストする

［CategoryButton］を例にして解説します。『Web Design』から［Home］画面の［CategoryButton］をひとつ選択してコピーしてください。

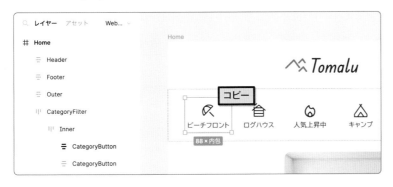

『Design System』の[Components]ページにペーストします。ファイル間を移動してもカラーバリアブルやテキストスタイルが適用されたままになっていることを確認してください。

[Icon/BeachFront]コンポーネントをコピーし①、[CategoryButton]>[Icon]を選択して右クリックから[貼り付けて置換]を実行します②。インスタンスを配置できたらアイコンのサイズを[32]に戻しましょう③。

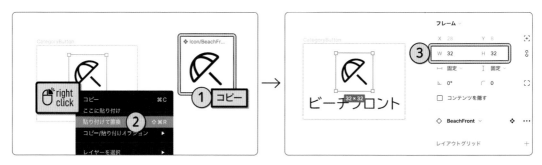

配置したアイコンにはカラーバリアブルが適用されていません。[Icon/BeachFront]インスタンスを選択し、選択範囲の色セクションから[color/text/secondary-action]を適用しましょう④。適用できたら[Category-Button]をコンポーネント化してください。

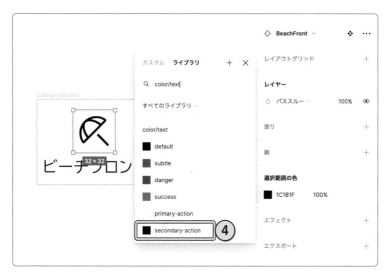

インスタンスを入れ替える

ネストしたインスタンスを入れ替えてみましょう。［CategoryButton］コンポーネントを複製してインスタンスを作成し、中身のアイコンを選択します①。インスタンスの入れ替えパネルを表示して［Icon/Trending］を選択してください②。

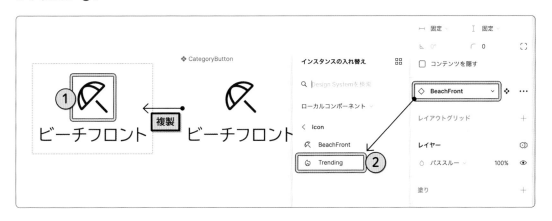

炎のアイコンに入れ替わりますが、先ほど適用したカラーバリアブルの［color/text/secondary-action］が無視され、［#1C1B1F］に変更されています③。これではアイコンを入れ替えるたびにバリアブルを適用しなおす必要があり非効率です。

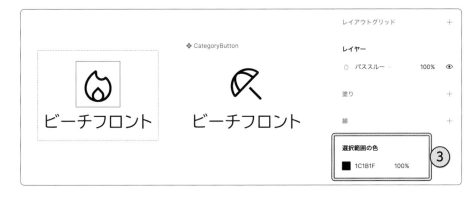

この問題を解決するには、レイヤー名を一致させる必要があります。アイコンのコンポーネントのレイヤーを展開し、［beach_access］と［local_fire_department］のレイヤー名を［Vector］に変更してください。

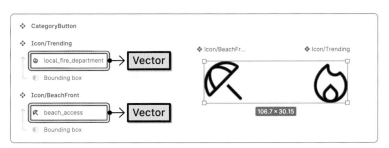

Memo

色を維持したいレイヤーの名前が一致していれば［Vector］でなくても構いません。

レイヤー名が一致する場合、インスタンスを入れ替えた際に色の設定が引き継がれます。確認するため、[CategoryButton] インスタンスを選択して [すべての変更をリセット] を実行してください①。

アイコンは [Icon/BeachFront] に、色は [color/text/secondary-action] に戻ります。再度アイコンを [Icon/Trending] に入れ替えてください②。

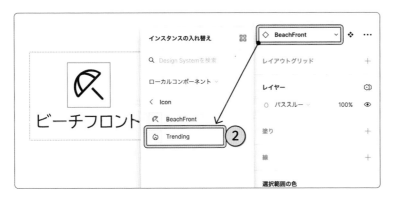

アイコンが入れ替わりますが、今回は設定していたカラーバリアブルが維持されます③。このような細かい点に気を配ることで繰り返し作業がなくなる上、作業漏れを避けられます。

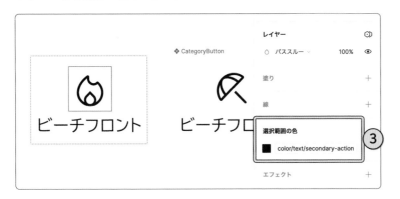

確認後、[CategoryButton] インスタンスは不要なので削除しておきましょう（コンポーネントは残しておきます）。

● そのほかのアイコン

『Design System』の[Resource]ページに、作例で使うすべてのアイコンを用意しておきました①。これらはすべて Material Symbols から挿入したものです。塗りのアイコンは[Icon/{name}]ではなく、[IconFilled/{name}]という命名規則に従っています②。

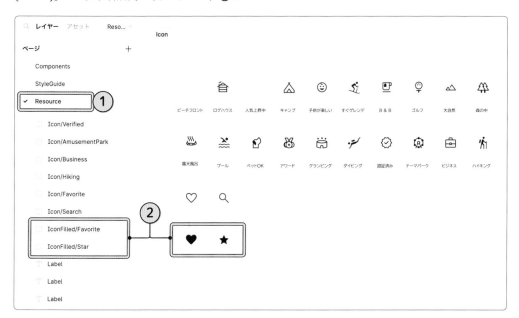

これらのアイコンを使って[Components]ページにコンポーネントを作成してください。インスタンスの入れ替え時に色の設定が引き継がれるよう、図形レイヤーの名前はすべて[Vector]に変更しておきましょう③。

Memo

レイヤー名を一括で変更する方法は、P111～P112を参照。

作業完了後、すべてのアイコンのコンポーネントをセクションで囲み、[Icon]という名前をつけてください。

◉ アイコンの名前

本書ではアイコンに独自の名前をつけたため、Material Symbolsで定義されている名前が分かりません。デザイン上の不都合はありませんが、実装時に問題になる可能性があります。

例えば、HTMLでMaterial Symbolsのアイコンフォントを表示する際、以下のように記述します。ここに指定するのは元の名前の「beach_access」であり「Icon/BeachFront」ではありません。エンジニアは元の名前を知らないため、現状では何を指定してよいか判断できません。

```
<span class="material-symbols-rounded">
    beach_access
</span>
```

コンポーネントの説明に元の名前を記載しておき、実装時に参照してもらうなど、開発を円滑に進められるような工夫が必要です。

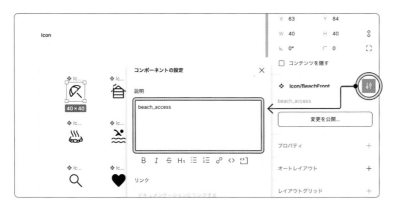

Material Symbolsのアイコンを微調整したい場合や、新しいアイコンを追加したい場合、FigmaからSVG画像などに書き出して実装に組み込むか、独自にアイコンフォントを作成します。この方針であれば「beach_access」のような元の名前を覚えておく必要はありません。実際、高品質なアイコンライブラリであっても「このアイコンのここだけ調整したい」という状況はよくあります。作例においても[IconFilled/Star]の位置が中央に見えるよう微調整しています。

調整前 → 調整後

Sample File

 Design System 6-1

02 エレベーション

「エレベーション」は、UIデザインで階層を表現する手法であり、要素の重要性や関連性を伝えるほか、ユーザー操作を促す目的があります。ヘッダーの日付をクリックするとカレンダーが表示されると仮定した下図のデザインでは、ドロップシャドウを適用してカレンダーがほかの要素よりも「上」の階層にあるように見せています。

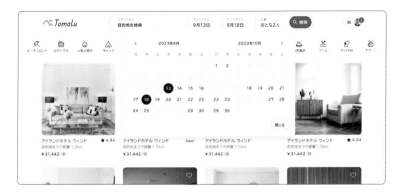

ドロップシャドウ以外の表現方法も考えられます。「スクリム」と呼ばれる背景を一時的に表示し、集中すべきUIに焦点を当てる手法などです。

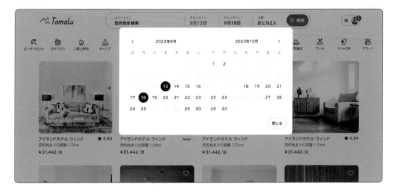

また、色の濃淡によって表現する手法もあります（ヘッダー部分）。

● エレベーションの階層

ドロップシャドウの場合、影の落ち方によってその高さを仮想的に表現します。高い位置にあるオブジェクトほど影の拡散が大きく、低い位置のオブジェクトの影は拡散せずにエッジがはっきりします。

何段階のエレベーションを用意するかはプロダクトによって異なりますが、本書では以下のように整理しました。色やタイポグラフィと同じく、エレベーションにも番号を振っています。[1]は背景から浮いていないため影は落ちません。それ以降、[4]、[8]、[12]、[24]と数字が大きくなるにつれオブジェクトの位置が高くなり、影の落ち方を変化させます。

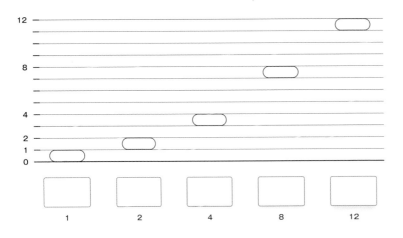

● スタイル見本の作成

エレベーションの見本となるコンポーネントを作成しましょう。[Design System]の[StyleGuide]ページに[W：200]、[H：120]、角の半径が[8]の長方形を作成してください。塗りには[color/background/default]を適用します。

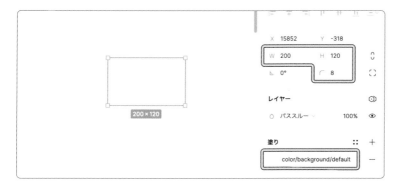

ドロップシャドウエフェクトを適用し、下図のように設定します。

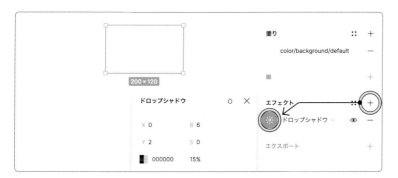

テキストを追加して「elevation/2」と記載し、スタイルに[typography/body/lg]、塗りに[color/text/default]を適用してください。

追加したテキストと長方形を選択してオートレイアウトを適用し、作成されたフレームの名前を[_ElevationSwatch]とした後にコンポーネント化しましょう。

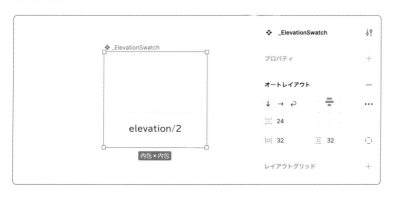

Memo

内部用のコンポーネントはライブラリで公開されないよう名前に「_（アンダースコア）」をつけます。

● スタイルの作成

コンポーネントを複製してインスタンスを4つ作成し、テキストの内容が
「elevation/2」～「elevation/12」となるよう上書きしてください。

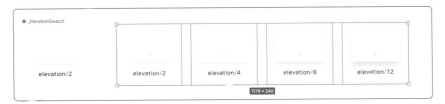

「elevation/4」～「elevation/12」に対して、長方形のドロップシャドウを
下図のように上書きします（「elevation/2」は変更しません）。

「elevation/2」の長方形を選択し①、エフェクトセクションの ∷ からスタ
イルを作成しましょう②。名前は[light/elevation/2]とします。同じ命名
規則でそのほかのスタイルも作成してください。

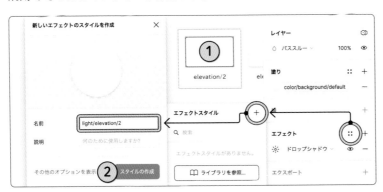

すべてのインスタンスを選択してオートレイアウトを適用します。間隔と
パディングを[40]、塗りに[color/background/default]を適用し、レイ
ヤー名は[ElevationSwatches]としましょう。

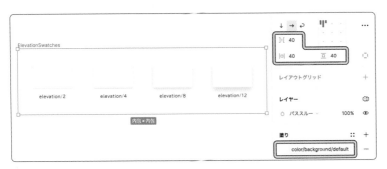

Shortcut		
オートレイアウトの追加		
Mac	shift	A
Win	shift	A

● ダークモード

[ElevationSwatches]フレームを複製し①、複製したフレームのモードを[dark]に変更してください②。ダークモードでは影が背景に溶け込んでしまい、エレベーションを表現できていません。

Memo

ドロップシャドウの設定値にもバリアブルを適用できますが、影の色と不透明度に対応していないため、本書ではスタイルを利用します(2024年2月時点)。

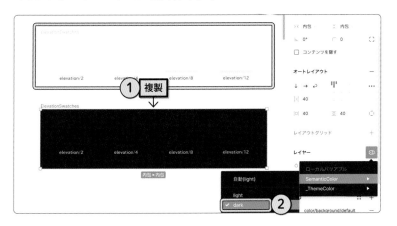

ダークモードの長方形を選択し、🔅をクリックしてエフェクトスタイルを解除します。ドロップシャドウの設定を下図のように変更してください。

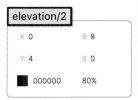 

elevation/2			
X 0		B 8	
Y 4		S 0	
■ 000000		80%	

elevation/4			
X 0		B 12	
Y 6		S 0	
■ 000000		80%	

elevation/8			
X 0		B 22	
Y 10		S 0	
■ 000000		80%	

elevation/12			
X 0		B 32	
Y 18		S 0	
■ 000000		100%	

設定が完了したらダークモードのドロップシャドウを[dark/elevation/2]～[dark/elevation/12]としてスタイルに登録しましょう。

コンポーネントと2つの[ElevationSwatches]をセクションで囲み、名前を[Elevation]とします。UI要素にドロップシャドウが必要な場合は、ここに定義されたエレベーションから選択して適用します。

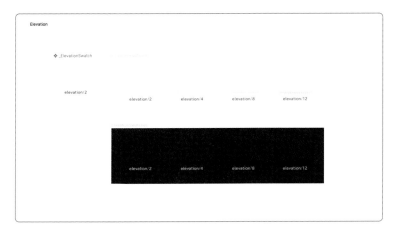

Sample File

 Design System 6-2

03

そのほかのスタイル

角の半径

長方形の頂点を丸める「角の半径」は、UIデザインで頻繁に使用するプロパティです。デザイントークンとしてバリアブルを作成し、ルール化しておきましょう。

『Design System』のバリアブルパネルを開いて［Token］コレクションを確認してください①。［Card］コンポーネントの［Thumbnail］に適用した［border-radius/lg］がすでに登録されています②。同じグループに［infinity］、［xl］、［md］、［sm］、［xs］、［none］を数値バリアブルとして追加してください。

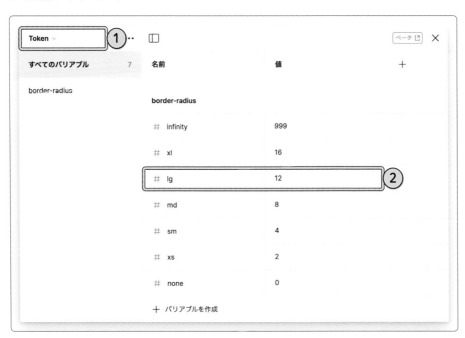

［_ElevationSwatch］と同じ構成で見本のオブジェクトを作成しましょう。名前を［_BorderRadiusSwatch］としてコンポーネント化します。長方形の角の半径は［border-radius/md］③、塗りは［color/background/subtler］を適用します④。

Memo

角の半径にバリアブルを適用するには ⊙ をクリックします。

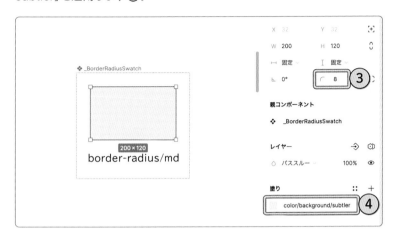

コンポーネントを作成できたらインスタンスを7つ作成します。左上からテキストの内容を「border-radius/infinity」～「border-radius/none」に上書きし、それぞれの角の半径に対応するバリアブルを設定してください⑤。最後にセクションで囲み、［BorderRadius］と名前をつけましょう⑥。

BorderRadius ⑥

❖ _BorderRadiusSwa...

border-radius/md	

⑤

border-radius/infinity	border-radius/xl	border-radius/lg	border-radius/md
border-radius/sm	border-radius/xs	border-radius/none	

● スペーシング

一貫性のあるレイアウトを作成するには、要素間の距離を定めた「スペーシング」というデザイントークンが必要です。あらかじめ選択肢を限定しておくことで、8pxと10pxのどちらを選択するか迷う必要がなくなります。[Token]コレクションを開いて下図のように数値バリアブルを作成しましょう。[spacing/xxl]〜[spacing/none]まであります。

Memo

スペーシングは要素の間隔だけでなくパディングにも使用します。

border-radius	spacing	
spacing	# xxl	64
	# xl	32
	# lg	24
	# md	16
	# sm	12
	# xs	8
	# xxs	4
	# xxxs	2
	# none	0

スペーシングの見本を[_SpacingSwatch]コンポーネントとして作成します①。2つの長方形を配置してオートレイアウトを適用し、要素の間隔にバリアブルを適用します。コンポーネントを作成できたら[xxl]〜[none]に対応するインスタンスを作成し②、セクションにまとめておきましょう。

Memo

間隔にバリアブルを適用するには、✓ をクリックしてメニューから[バリアブルを…]を選択します。

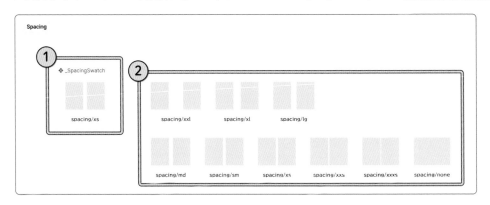

適用時に目的のバリアブルが見つからない場合、設定パネルで適用範囲を確認してください。オートレイアウトの候補に表示するには、[間隔]にチェックを入れる必要があります。

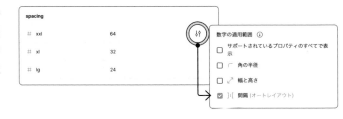

◉ 線幅

「線幅」のデザイントークンは［border-width/lg］〜［border-width/none］として作成しましょう。線幅にバリアブルを適用するには、☰を右クリックして［バリアブルを適用 ...］を選択します。見本のコンポーネントを［＿BorderWidthSwatch］として作成し、4つのインスタンスをセクションにまとめてください（名前は［BorderWidth］とします）。

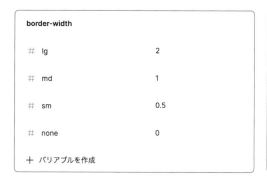

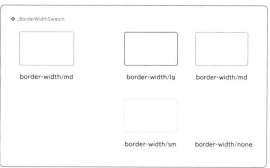

◉ レイヤーの不透明度

ボタンが無効化された状態は、「レイヤーの不透明度」を下げることで表現します。［opacity/100］〜［opacity/30］の数値バリアブルを作成し、ほかと同様に見本を作成しましょう。不透明度にバリアブルを適用するには、値を右クリックして［バリアブルを適用 ...］を選択してください。

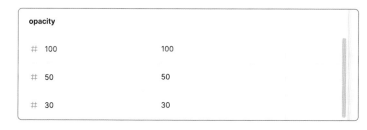

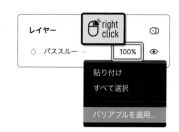

見本のコンポーネント［_OpacitySwatch］は、フレーム内に配置した楕円オブジェクトに不透明度のバリアブルを適用します①。フレームの塗りに［画像］を適用し、配置方法を［タイル］に変更すると、背景色としてチェック模様を表示できます②。セクションの名前は［Opacity］とします。

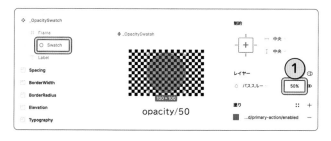

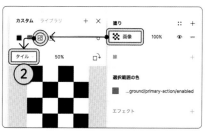

04　ルールの適用

作成したアイコンやデザイントークンをUIに組み込みましょう。『Design System』の［Components］ページで作業します。

◉ アイコン

まずは［ReviewScore］のアイコンを置き換えます。リソースパネルの［コンポーネント］タブを開き、「IconFilled」を検索します。［IconFilled/Star］をキャンバスにドラッグしてインスタンスを作成してください①。

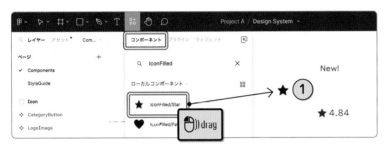

作成されたインスタンスのサイズを［W: 24］、［H: 24］に変更し、切り取ります。［ReviewScore］コンポーネントの［Icon/Star］フレームを選択し、右クリックから［貼り付けて置換］を実行してください②。

Shortcut

切り取り

| Mac | ⌘ X |
| Win | ctrl X |

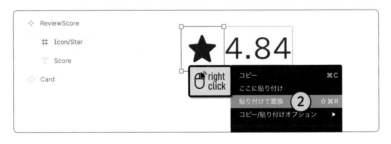

置き換わった［IconFilled/Star］を選択した状態で、選択範囲の色セクションから［color/text/default］を適用します③。

⬤ 角の半径

[Badge]コンポーネントを選択して角の半径の⬡をクリックし、バリアブル[border-radius/infinity]を適用してください。

[CategoryButton]コンポーネントの角の半径には[border-radius/sm]を適用します。

[Card]コンポーネントの[Thumbnail]には、すでにバリアブルが適用されているはずです。適用されていない場合は[border-radius/lg]を指定しましょう。

バリアブルの適用範囲

間違ったバリアブルを使用しないように、適用範囲はできるだけ限定しておきましょう。例えばスペーシングのバリアブルにおいて[間隔（オートレイアウト）]以外のチェックを外しておけば、角の半径や線幅などに対して表示されなくなります。

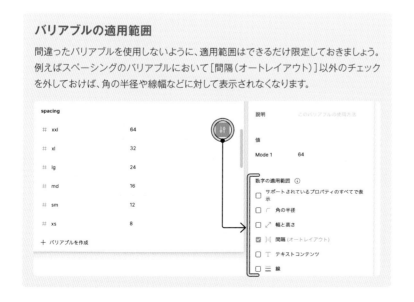

◉ エレベーション

[Card]のマウスオーバー時には[Thumbnail]にドロップシャドウが適用されています①。エフェクトセクションの ∷ をクリックして、パネルから[light/elevation/8]を指定してください②。

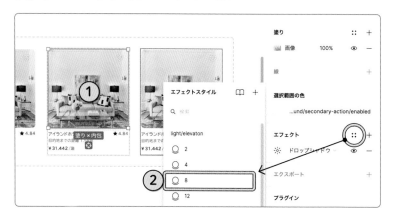

◉ スペーシング

オートレイアウトが使用されているすべてのフレームにバリアブルを適用します。[Badge]コンポーネントを選択し、水平方向のパディングに[spacing/sm]、垂直方向には[spacing/xs]を適用してください。

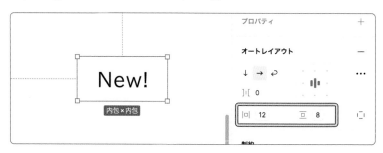

[CategoryButton]コンポーネントにも適用します。オートレイアウトの間隔に[spacing/xxs]、パディングには[spacing/xxs]と[spacing/xs]を指定しましょう。

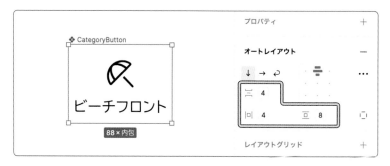

［Card］を構成するフレームにもオートレイアウトが使われています。3つ
のバリアントを選択してパディングに［spacing/xxs］を適用してください。

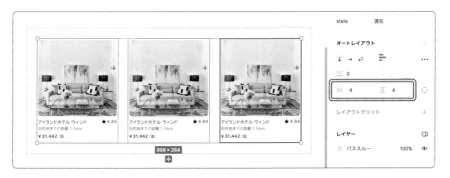

3つのバリアントから［Body］選択し、間隔と垂直方向のパディングに
［spacing/xs］を適用します。

続けて3つのバリアントから［Left］を選択し、オートレイアウトの間隔に
［spacing/xxs］を適用してください。

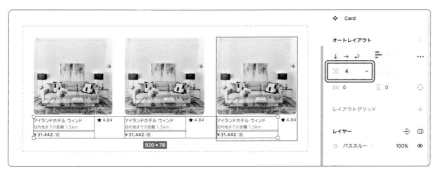

同様にして、［Information］、［PricePerDay］、［Price］
には［spacing/xxxs］を、［DistanceToLocation］には
［spacing/xxs］をオートレイアウトの間隔に適用しましょ
う。いずれも3つのバリアントに対して作業するよう注
意してください。

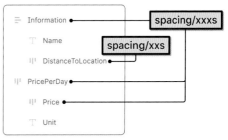

すべての作業が完了したら［アセット］タブの📖からライブラリの変更を
公開してください。

「Chapter 3」〜「Chapter 6」では、UIデザインを構成する様々な要素を
細かくルール化してきました。デザイナーのクリエイティブな作業とは言
えませんが、プロダクトの一貫性を維持しながらデザインの意思決定を効
率化する重要なプロセスです。これらの方針をデザイナーとエンジニア
で共有しておきましょう。

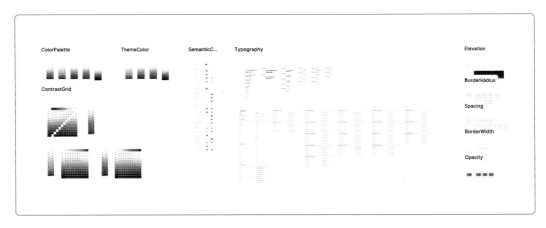

Sample File

🔷 Design System 6-4

Chapter 7

パターンライブラリ

パターンライブラリは、再利用可能なレイアウトや UI 要素をまとめたものです。『Design System』ファイルには、すでにコンポーネントが存在しますが、より広い領域での「パターン」を作成しましょう。

Chapter 7

パターンライブラリ

01

レイアウトのルール

色やタイポグラフィなどに使用されるデザイントークンは、デザインの最小構成単位としてプロダクトを内側から支えます。一方、画面レイアウトに関するルールは、UIデザインの外側を固めるための「枠」として機能します。

● ブレイクポイント

1種類のレイアウトでは異なる画面サイズに対応できないため、同じプロダクトでも複数のレイアウトが必要です。あるレイアウトから別のレイアウトに切り替わる境界線を「ブレイクポイント」といい、画面サイズの横幅が基準となります。

レスポンシブなWebサイトを素早く構築できるフレームワーク「Bootstrap」では、以下のようにブレイクポイントが定められています。ただし、すべてのブレイクポイントに対応する必要はありません。「横幅576px以上の場合のレイアウト」と定義されていれば、そのレイアウトは横幅1400pxでも有効とみなします。

ブレイクポイント	xs	sm	md	lg	xl	xxl
横幅	<576px	≧576px	≧768px	≧992px	≧1200px	≧1400px

Bootstrap ブレイクポイント
🔗 https://getbootstrap.jp/docs/5.3/layout/breakpoints/

ブレイクポイントのガイドラインを作成し、レイアウトの切り替わりを可視化しましょう。本書ではBootstrapのブレイクポイントを採用します。

『Design System』の[Components]ページを開き、[W: 576]、[H: 80]の長方形を作成してください①。この長方形が最も小さいブレイクポイント（xs）の範囲を表しています。続けて長方形を下方向に5つ複製します②。

Memo

ブレイクポイントに応じて、自動でレイアウトを切り替えてくれるプラグインもあります。

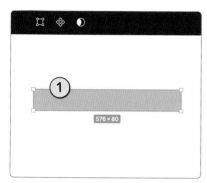
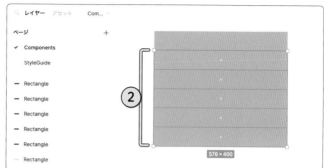

6つの長方形を選択して右クリックから[選択範囲のフレーム化]を実行します。作成されたフレームの名前を[Breakpoints]として③、[W: 1600]に変更します④。

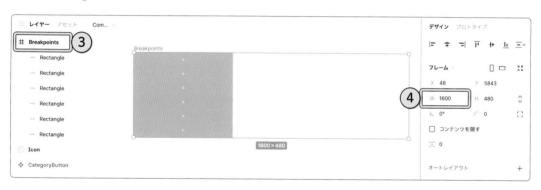

2番目以降の長方形のX座標をブレイクポイントに合わせて変更します。2番目は[X: 576]、3番目は[X: 768]、4番目は[X: 992]、5番目は[X: 1200]、6番目は[X: 1400]です⑤。

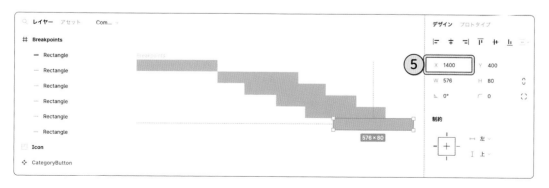

1
2
3
4
5
6
7
8

2~5番目の長方形の右端をドラッグし、ひとつ下の長方形にぴったりと合わせます。6番目の長方形は[Breakpoints]フレームの右端に合わせてください。

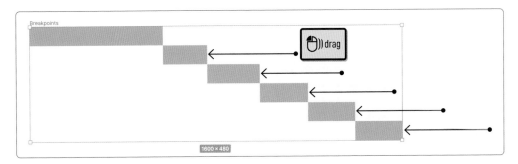

1番目の長方形を右クリックして[選択範囲のフレーム化]を実行します。作例されたフレームの名前を[Range]として⑥、右端をドラッグして[Breakpoints]に合わせます。

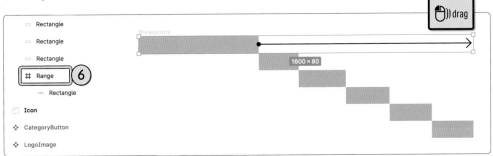

2番目の長方形も[Range]フレームに入れて両端を[Breakpoints]に合わせてください。中身の長方形の位置を保持するため、Macは⌘、Windowsは ctrl を押しながら[Range]をドラッグします。

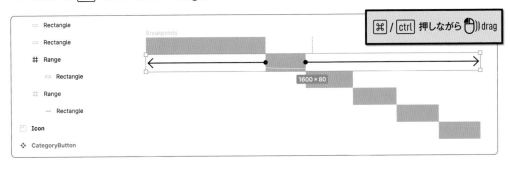

Memo

⌘ / ctrl を押さずにドラッグすると中身の長方形が左に移動します。長方形の制約が[左]になっており、親要素のサイズ変更に追従するからです。

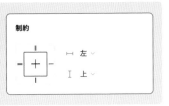

3〜6番目の長方形も同様です。 長方形を [Range] フレームに入れて両端を [Breakpoints] に合わせてください。完了後、[Breakpoints] を選択してオートレイアウトを適用します⑦。

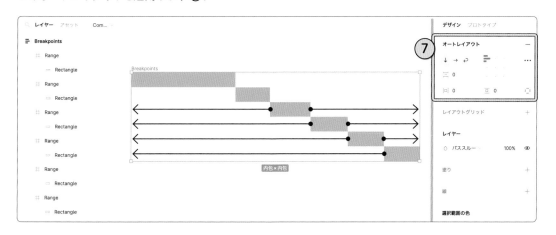

サイズ変更も考慮しておきましょう。 すべての [Range] を選択して [水平方向のサイズ調整] を [コンテナに合わせて拡大] に変更してください⑧。6番目の長方形だけは制約を [左右] に設定します（[Range] フレームではなく、中身の長方形に対しての設定です）⑨。

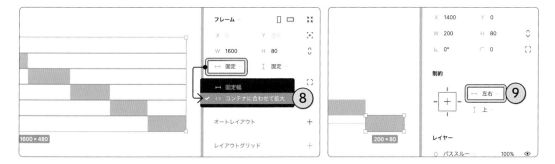

長方形は各ブレイクポイントの適用範囲を示しており、[Breakpoints] の横幅を変更すると、6番目の長方形だけが右に広がります。1400pxより大きなブレイクポイントは存在せず、これ以降のレイアウトに変化がないことを意味しています。

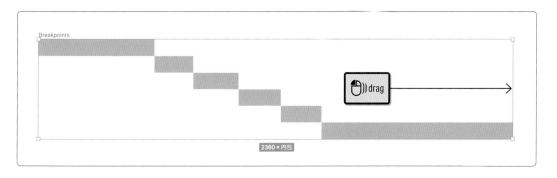

ガイドラインの意図が分かるように補足情報を配置しましょう。下図では[Description]フレームを作成し、その中にテキストや点線を入れています。ダークモードで色が切り替わるよう、テキストには[color/text/default]、点線には[color/border/bold]のバリアブルを適用しました。

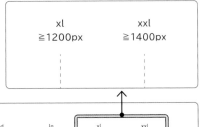

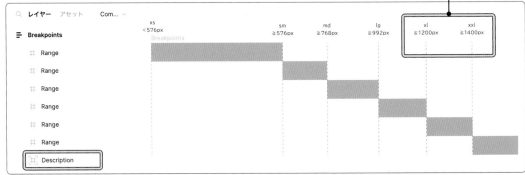

[Description]は[絶対位置]を有効にしており、オートレイアウトを無視して配置しています（左）。また、制約を使って親要素のサイズ変更に追従させています（右）。

フレームからはみ出しているテキストが表示されない場合、[Breakpoints]を選択して[コンテンツを隠す]のチェックを外してください。

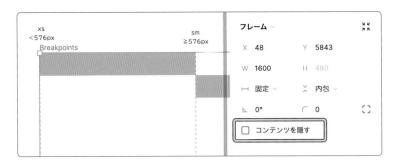

最後に[Breakpoints]をコンポーネント化します。このガイドラインはプロダクトに組み込むUI要素ではありませんが、ほかのファイルでも使用するため、名前に「_（アンダースコア）」はつけません。

01

レイアウトのルール

◉ カラム

ブレイクポイントと同時に定義しておきたいのが「カラム」です。カラムとは、コンテンツ領域を縦に分割する「列」のことで、整然としたレイアウトを作成するためのガイドとして機能します。UI要素をカラムに沿って配置することで、プロダクトに秩序と一貫性が生まれます。

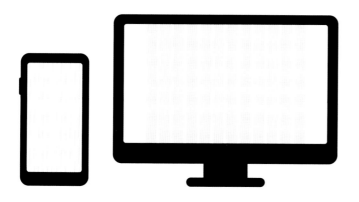

カラムの数は自由ですが、一般的にデスクトップの画面サイズには12カラムが使用されます。「12」という数字は都合がよく、コンテンツ領域を柔軟に分割できるため、本書でも採用します。

2分割	
3分割	
4分割	
6分割	

[Home]画面のレイアウトは12カラムで構成されており、[Card]によって4分割されています。ただし、[CategoryFilter]は横幅100%で表示されているなど、カラムとは関係なくレイアウトされる要素もあります。

カラムの両端にあるスペースを「マージン」、カラムの間のスペースを「ガター」と呼びます。マージン、カラム、ガターの幅を調整することで、レイアウトの設計を行います（左）。実装上はカラムの左右にパディングが設けられ、隣同士のパディングが合わさってガターの幅となります（右）。

小さな画面サイズに対応するには、カラムの数を減らす方法と、12カラムを維持する方法がありますが、本書では後者を選択します。どの画面サイズであっても「6カラムはコンテンツ領域の半分」、「3カラムはコンテンツ領域の4分の1」を意味する方が分かりやすいからです。

コンテンツ領域、カラム、マージンは、各ブレイクポイントで以下のように変化します。これらの値はBootstrapを参考にしたものですが、デザインにあわせて変更も可能です。

ブレイクポイント	コンテンツ領域	カラム	マージン	ガター
xxl (≧1400px)	1320px	86px	12px	24px
xl (≧1200px)	1140px	71px	12px	24px
lg (≧992px)	960px	56px	12px	24px
md (≧768px)	720px	36px	12px	24px
sm (≧576px)	540px	21px	12px	24px
xs (<576px)	100%	自動	16px	24px

コンテンツ領域が1320pxのとき、カラムの幅は以下のように計算します。

$$カラムの幅 = (1320 - 12 \times 24) \div 12$$

コンテンツ領域　　　11個のガターと　　　カラムの数
　　　　　　　　　　両端のマージン

カラムの幅を変更する場合はコンテンツ領域も変わります。以下のようにカラムの幅を88pxにして計算すると、コンテンツ領域は1344pxとなり、この値がブレイクポイントの範囲に収まっている必要があります。

$$88 = (コンテンツ領域 - 12 \times 24) \div 12$$

カラムの幅　　　　　　　　　　11個のガターと　　　カラムの数
　　　　　　　　　　　　　　　両端のマージン

⬤ レイアウトグリッド

各ブレイクポイントに対応するカラムを視覚化するには「レイアウトグリッド」を使います。まずはブレイクポイント「xxl」に対応するカラムを作成しましょう。[Grid]という名前で[W: 1400]、[H: 1000]のフレームを作成し、レイアウトグリッドセクションの+をクリックしてください①。

Memo

引き続き『Design System』の[Components]ページで作業してください。

設定アイコンをクリックし、ヘッダーから[列]を選択します②。カラムの数を[12]、種類を[中央揃え]、幅を[86]、ガターを[24]に変更すると、ブレイクポイント「xxl」のカラムを表現できます③。カラムとガターの数値は前頁の表の通りです。

Memo

コンテンツ領域の設定はありません。カラムやガターを設定することで結果的に算出される数値がコンテンツ領域となります。

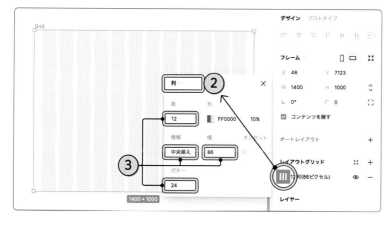

86（カラムの幅）×12（カラムの数）＋24（ガターの幅）×11（ガターの数）を計算すると1296pxであり、左右に12pxずつのマージンを想定するとコンテンツ領域が1320pxになります。

画面サイズ：1400px
1296
86 24 86 24 86 24 86 24 86 24 86 24 86 24 86 24 86 24 86 24 86 24 86
コンテンツ領域：1320px

1

2

3

4

5

6

7

8

各ブレイクポイントに対応するカラムを作成しましょう。［Grid］を複製し
て横幅を変更し、レイアウトグリッド設定の［幅］を変更するだけです。

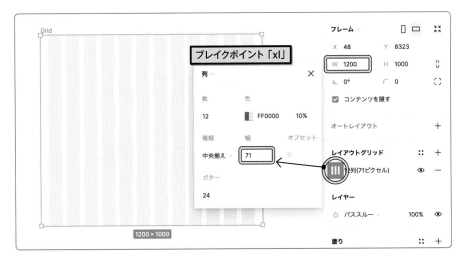

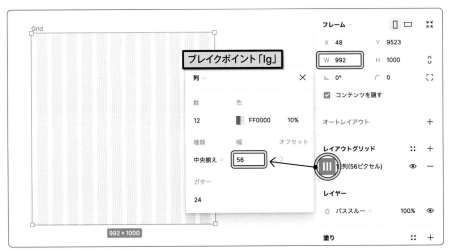

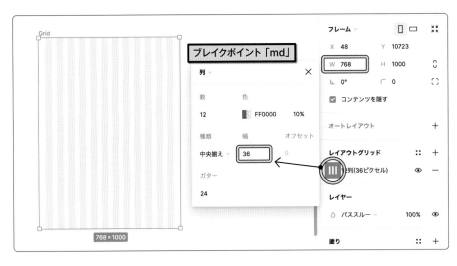

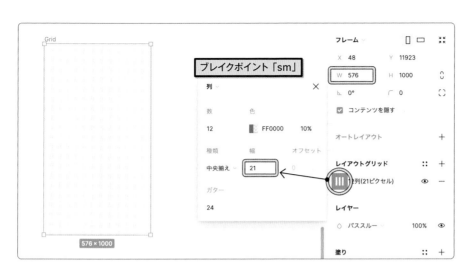

ブレイクポイント「sm」

ブレイクポイント「xs」の画面に対してはカラムの幅を動的に変化させます。レイアウトグリッドの種類を［ストレッチ］に変更し④、余白（マージン）に［16］を入力してください⑤。フレームの幅は576pxよりも小さければ任意ですが、「iPhone 15 Pro」の横幅である393pxにしました⑥。

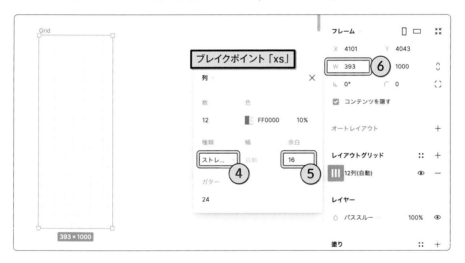

ブレイクポイント「xs」

現在の設計ではブレイクポイントの上限が「xxl」であり、コンテンツ領域が1320pxを超えることはありません。大きめのモニターやテレビ画面などを意識してレイアウトをする場合は、ブレイクポイントを追加で定義してください。例えばブレイクポイント「xxxl」を追加するのであれば、以下のようなカラム設定が考えられます。ブレイクポイントやカラムの設定には唯一の正解はありません。サポートする画面サイズを事前に確認し、プロダクトに最適な設計を検討しましょう。

ブレイクポイント	コンテンツ領域	カラム	マージン	ガター
xxxl (≧ 1680px)	1620px	111px	12px	24px

● バリアントの作成

すべての[Grid]を選択して塗りを削除し、ツールバーから[コンポーネントセットの作成]を実行してください①。

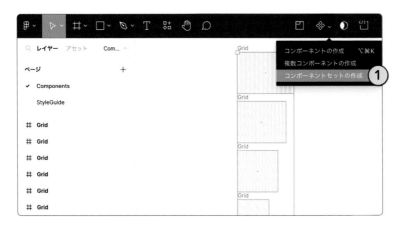

Memo

塗りを削除するには、□ をクリックします。

コンポーネントセットを選択してバリアントプロパティの編集パネルを開き
②、プロパティの名前を[breakpoint]、値を[xxl]とします③。

パネルを閉じて各バリアントをひとつずつ選択し、[breakpoint]の値に
[xxl]、[xl]、[lg]、[md]、[sm]、[xs]を設定してください④。

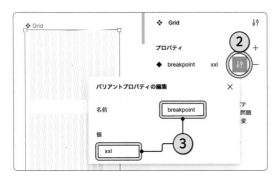

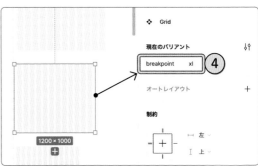

ブレイクポイントとコンテンツ領域の定義を説明に記載し、いつでも参照できる状態にしておきましょう。入力するにはコンポーネントセットを選択して[彿]をクリックします⑤。

Memo

入力フィールドの下部で書式を変更できます。左図の例ではコードブロックを使っています。

Memo

shift G を押すとレイアウトグリッドの表示/非表示を切り替えられます。

● バーティカルグリッド

垂直方向のリズムもレイアウトの重要な要素です。グラフィックデザインでは「ベースライングリッド」と呼ばれる手法が使われることが多く、UIデザインにも応用されています。ただし、CSSではテキストをベースラインで揃えることができないため、テキストボックスを基準にレイアウトします。そのため、本書では「ベースライン」という言葉を避け、画面を横に分割するガイドのことを「バーティカルグリッド」と呼ぶことにします。

Baseline Grid	Vertical Grid
Lorem ipsum dolor sit amet, consectetur adipiscing elit. Duis id sodales nisi, a luctus massa. Donec facilisis est in dui consectetur, venenatis elit scelerisque. Nullam sodales tincidunt nibh, vel tempus neque dictum. In venenatis nulla massa, vitae rutrum nibh.	Lorem ipsum dolor sit amet, consectetur adipiscing elit. Duis id sodales nisi, a luctus massa. Donec facilisis est in dui consectetur, venenatis elit scelerisque. Nullam sodales tincidunt nibh, vel tempus neque dictum. In venenatis nulla massa, vitae rutrum nibh.

バーティカルグリッドは、画面の縦方向を8pxごとに分割するガイドを作成し、そのガイドに沿って要素を配置する手法です。ある要素とほかの要素との距離は8px、16px、24px、32px…のように8の倍数となります。数値を制限することで縦方向のリズムが整うのと同時に、デザイナーの意思決定を効率化するメリットがあります。

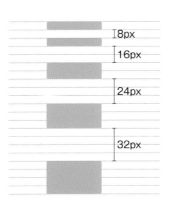

8px
16px
24px
32px

バーティカルグリッドを [Grid] に追加しましょう。[breakpoint: xxl] のバリアントを選択し、レイアウトグリッドセクションの [+] をクリックしてください①。追加されたレイアウトグリッドの設定パネルを開き、グリッドを [行] に変更します②。

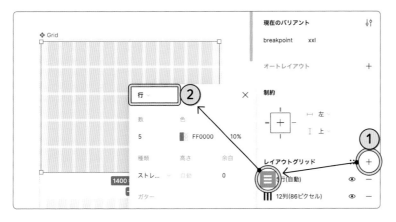

数のドロップダウンメニューから[自動]を選択し、種類は[上揃え]に変更します③。高さとガターに[8]を入力すると、バーティカルグリッドを作成できます④。

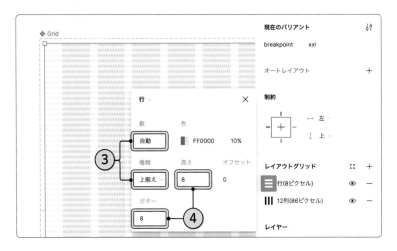

そのほかのバリアントにもバーティカルグリッドを追加しましょう。≡の左側のわずかな隙間をクリックして選択し⑤、Macは ⌘ C 、Windowsは ctrl C でコピーします。

[breakpoint: xl]のバリアントを選択し、Macは ⌘ V 、Windowsは ctrl V で貼り付けると、レイアウトグリッドが追加されます⑥。同様にすべてのバリアントにバーティカルグリッドを貼り付けてください。

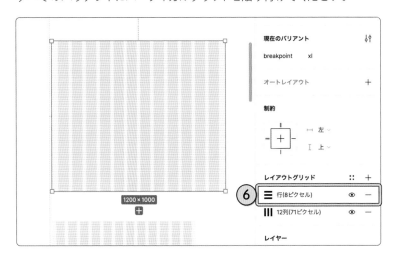

Memo

カラムやバーティカルグリッドは絶対的な存在ではなく、レイアウトの補助線として捉えてください。基本的なルールは必要ですが、どんなときでも例外はあります。

● グリッドスタイル

設定したレイアウトグリッドを「グリッドスタイル」として登録しておけば、カラムやバーティカルグリッドをすぐに適用できます。

[breakpoint: xxl] のバリアントを選択してレイアウトグリッドセクションの ⠿ から ＋ をクリックします①。名前に「xxl（≧1400px）」と入力して[スタイルの作成]を押してください②。

Memo

「≧」や「<」は、「ふとうごう」を変換すると入力できます。

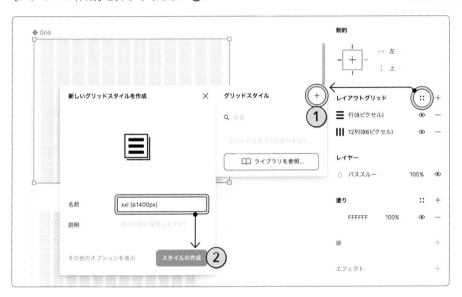

そのほかのバリアントに対しても同じ作業を繰り返し、合計6つのグリッドスタイルを登録します。スタイルの名前は下図を参考にしてください。

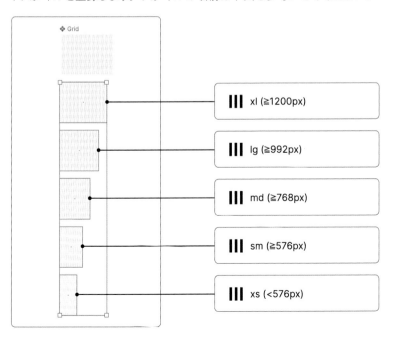

⬤ グリッドのカスタマイズ

画面をメインとサイドの領域に分ける場合、メイン領域が広く、サイド領域が狭くなるようなガイドが必要ですが、レイアウトグリッドでは表現できません。［Grid］をカスタマイズして対応しましょう。

［breakpoint: xxl］のバリアントの中に長方形を追加し、左から7カラムをぴったりと覆うように配置してください①。制約を［中央］と［上下］に変更し②、塗りを［#FF0000］の［10%］に設定します③。

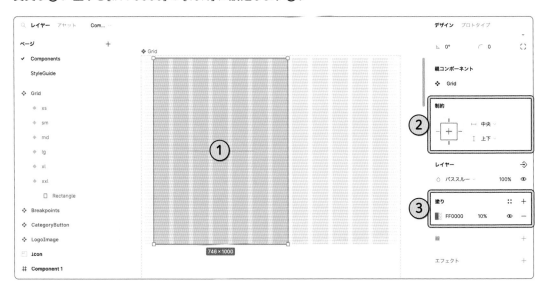

長方形を複製し、右から4カラムをぴったりと覆うように配置します④。左の長方形が［Main］、右が［Side］となるようレイヤー名を変更してください⑤。

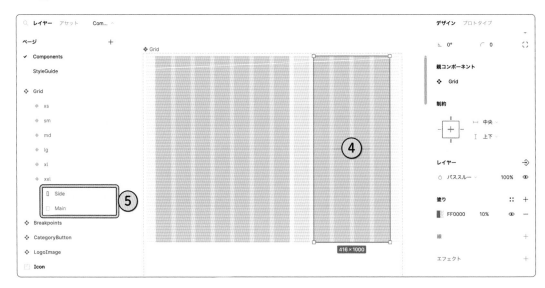

同じように［breakpoint: xl］は7カラムと4カラム⑥、［breakpoint: lg］は7カラムと5カラムになるように長方形を配置します⑦。［breakpoint: md］以下は幅が狭いため、サイド領域を表示しないレイアウトとします。

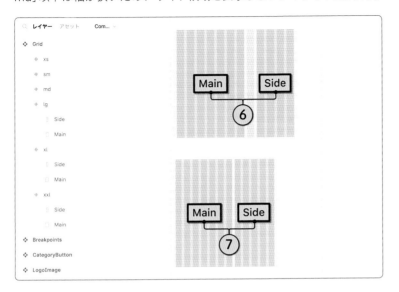

長方形の表示／非表示を切り替えるコンポーネントプロパティを作成しましょう。すべてのバリアントから［Main］と［Side］を選択してレイヤーセクションの［⊕］をクリックします⑧。名前に「hasSideArea」と入力し、［プロパティを作成］をクリックしてください⑨。

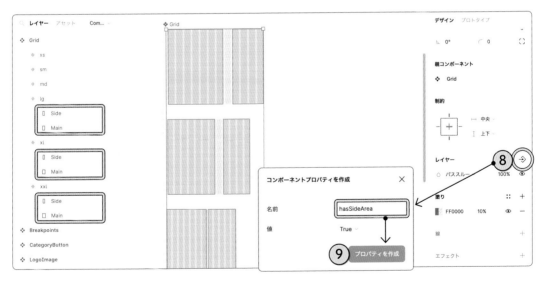

［Grid］のインスタンスを作成し、横幅が変化してもメインとサイドの領域が12カラムに従っていること、［hasSideArea］プロパティで表示／非表示が切り替わることを確認してください。

Sample File

Design System 7-1

02 画面サイズ別のレイアウト

カラムやバーティカルグリッドを使って画面サイズに応じたデザインを作成しましょう。［アセット］タブの📖から『Design System』の変更を公開し、『Web Design』を開いてライブラリの更新を行ってください。

● グリッドを配置する

［アセット］タブから［Grid］をドラッグして［Home］画面に配置します。

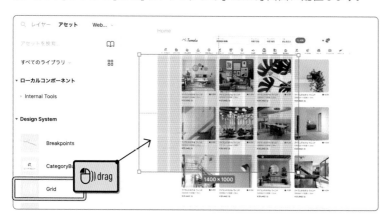

［Grid］インスタンスを［Home］画面の最下層に移動してロックしてください①。画面いっぱいになるようサイズを調整し、制約を［左右］と［上下］にして親フレームのサイズ変更に追従させます②。［Home］画面にサイド領域は不要なので［hasSideArea］のプロパティはオフにします③。

［Home］画面を複製して［W: 1024］に変更してください④。1024pxは「iPad Pro 12.9inch」を縦向きにしたときの幅です。複製元が［Home (MacBook Pro)］、複製した方が［Home (iPad Pro)］となるようレイヤー名を変更してください⑤。

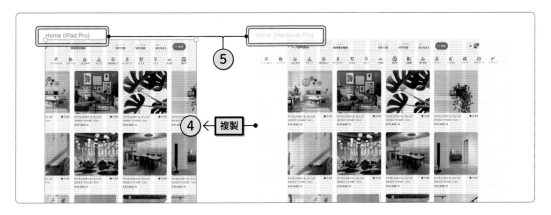

［Home (iPad Pro)］は幅が1200pxより小さいため、［breakpoint: lg］のバリアントを使用しましょう。［Grid］のプロパティを変更し⑥、サイズを［W: 1024］に変更してください⑦。

Memo

レイヤーがロックされていても右パネルでサイズ変更できます。

［Grid］インスタンスを選択して、［詳細を表示］をクリックすると⑧、どのサイズにどのブレイクポイントを適用すべきかいつでも確認できます。1024pxは、992px以上かつ1200px未満であるため、［lg］が該当します。

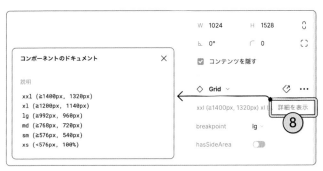

コンポーネントのドキュメント	×

説明

xxl (≧1400px, 1320px)
xl (≧1200px, 1140px)
lg (≧992px, 960px)
md (≧768px, 720px)
sm (≧576px, 540px)
xs (<576px, 100%)

237

⬤ コンテンツ領域の調整

［Home (iPad Pro)］のレイアウトを整えましょう。［Header］などの親要素は［左右］の制約が設定されておりフレームに収まっていますが、子要素は画面からはみ出しています①。これは［Container］フレームの横幅が［breakpoint: xxl］のコンテンツ領域である1320pxのままになっているからです②。

［Container］のサイズを［W: 960］に変更してください。これによって、両端がカラムに沿って配置されます（左右12pxのマージンを想定）③。

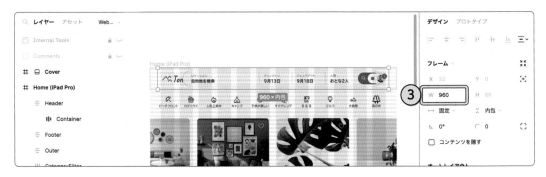

同じように、［Footer > Container］と［Outer > Container］のサイズを［W: 960］に変更します④。［Card］がフレームに収まっていませんが後で調整します。

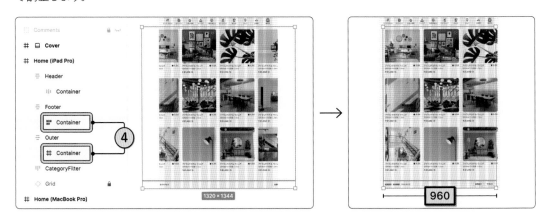

● コンテンツの調整

ヘッダー

[Header＞Container] に配置されている [SearchBar] の幅は [W: 856] で固定されており、ほかの要素に重なっています。水平方向のサイズ調整を [コンテナに合わせて拡大] に変更し、自動で幅を伸縮させることで重なりを解消してください①。

カード

[Home (iPad Pro)] 画面では、[Card] が3列に並ぶ構成に変更します。3列に並ぶには [Card] の幅が12カラム÷3=4カラムとなる必要があり、[breakpoint: lg] のカラムは56pxであることから、ガターの幅を加えて「56px × 4 + 24px × 3 = 296px」と計算できます。[Card] をすべて選択して [W: 296] に変更してください。

[Card] を囲んでいる [Lodgings] フレームを選択し②、オートレイアウトを適用します。方向は ↵ を選択し③、間隔にはバリアブル [spacing/lg] を設定してください④。[spacing/lg] は [24] であり、ガターの役割を担います。

[Lodgings]フレームをドラッグしてカラムの右端に合わせてください⑤。
オートレイアウトによって自動的に[Card]が折り返して配置されます。

コンテンツ領域である[Container]にオートレイアウトを適用し、上下左右のパディングに下図のバリアブルを適用します⑥。

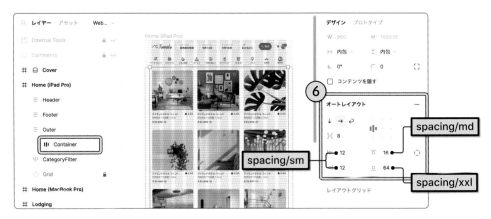

すべての[Card]が画面に収まるように[Home (iPad Pro)]を[H: 1900]に変更したら完成です⑦。

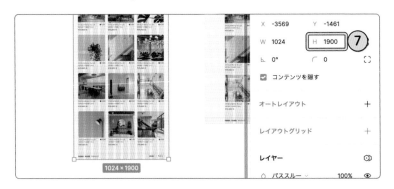

P237からの手順に従って、[Home (iPad mini)]を幅744pxの2カラムで、[Home (iPhone 15 Pro)]を幅393pxの1カラムで作成してください。[Home (iPhone 15 Pro)]は[breakpoint: xs]となるため、[Container]の水平パディングには[spacing: md]を適用します。

● バリアブルとの連携

バリアブルのモードを使うと、画面サイズ別のレイアウト作成が効率化します。『Design System』のバリアブルパネルを開き、[Breakpoint]という名前で新しいコレクションを作成してください①。

文字列バリアブル[breakpoint]を作成して値を[xxl]に、数値バリアブル[containerWidth]を作成して値を[1320]に設定できたら②、 + をクリックしてモードを3つ追加します③。

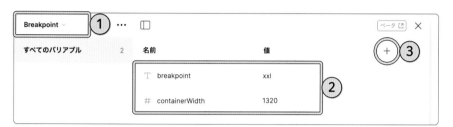

モードの名前を左から[xxl]、[lg]、[sm]、[xs]に変更し、バリアブル[breakpoint]の値にも同じ文字列を入力します④。[containerWidth]の値には各ブレイクポイントに応じたコンテンツ領域の幅を入力してください⑤。

Memo

[xs]のコンテンツ領域は100%と定義していますが、ここでは便宜的に[393]とします。

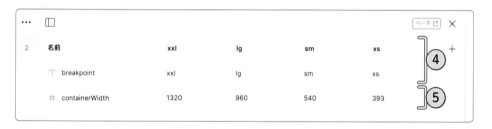

バリアブルを作成できたら、**ライブラリを公開してから**『Web Design』に戻ります。[Home (MacBook Pro)]の[Grid]を選択し、[breakpoint]プロパティに先ほど作成したバリアブルを割り当ててください⑥。

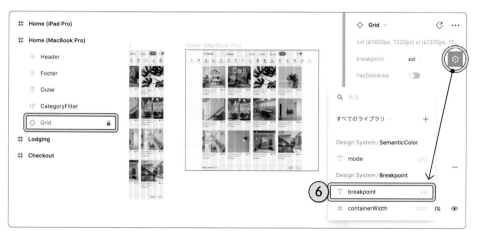

［Header］、［Footer］、［Outer］の子要素である［Container］フレームはコンテンツ領域を意味しています。すべての［Container］を選択して幅のドロップダウンメニューから［バリアブルを適用...］をクリックしてください⑦。表示されるパネルで［containerWidth］を適用します⑧。

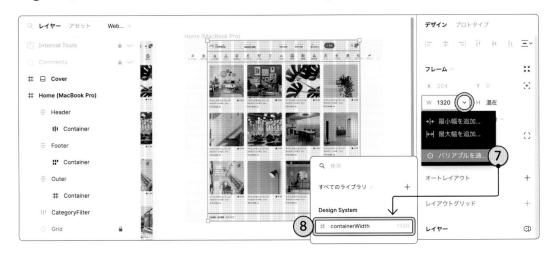

［Grid］の［breakpoint］プロパティと、［Container］の幅にバリアブルを割り当てることによって、モードの切り替えが可能になりました。確認するため、［Home (MacBook Pro)］を複製して［W: 1024］に変更してください。レイヤーセクションの📱から［Breakpoint］＞［lg］を選択すると、［Grid］のカラム幅とプロパティと［Container］の幅が切り替わります⑨。

このように、**モードを使って画面のブレイクポイントを宣言できます。モードの指定が子要素に継承されることを応用すれば、ブレイクポイントに応じて自動的にレイアウトを切り替えられます。**モードの切り替えを確認できたら、複製した画面は削除してください。

Memo

制約は無視されるため、モードを切り替えた際に［Grid］の幅を再調整する必要があります。

iPad Pro、iPad mini、iPhone 15 Proの画面に対してブレイクポイント
を宣言しましょう。[Grid]のプロパティと[Container]の幅にバリアブル
を割り当て、画面のモードを切り替えます。バリアブルを適用した直後は
モードの初期値（xxl）が適用されるためレイアウトが崩れますが、モード
を変更すれば意図通りのデザインに戻るはずです。

Memo

バリアブルが使用されていない
画面のモードは切り替えられま
せん。先にバリアブルを適用し
てください。

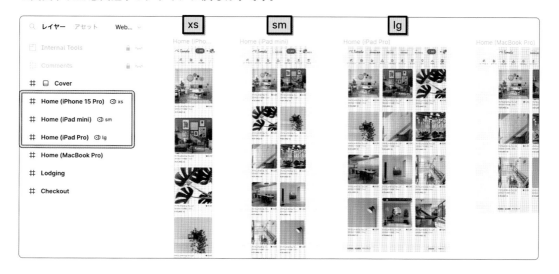

モードの切り替えはフレーム内のすべてのオブジェクトに影響を与えま
す。最も外側にあるフレームのモードを変更するだけで、すべての要素
が各ブレイクポイントに応じたレイアウトに自動的に切り替わってくれます。
[SemanticColor]を使ってダークモードに切り替える仕組みを構築しま
したが、同じ手法をレイアウトに活かした形です。

Memo

プロフェッショナルプランで作成
できるモードは4件です。エン
タープライズプランではモード
の上限が40件に拡張されます。

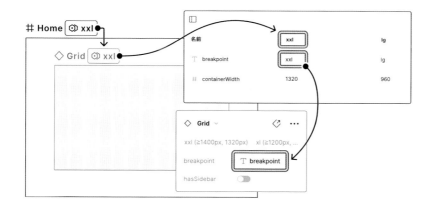

作例ファイルの問題点

これで作例ファイルの「画面サイズが小さい
場合のレイアウトが不明」が解決しました。

ブレイクポイントの視覚化

画面サイズ別のレイアウトをどのように使い分けるのか明確にしておきましょう。[アセット]タブから[Breakpoints]コンポーネントをドラッグし、インスタンスを作成してください。

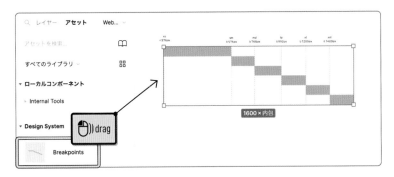

[Breakpoints]のサイズを[W: 2000]、[H: 9000]に広げ、ガイドに沿って画面を縦に並べます。すべての画面をセクションで囲み、名前を[Home]、塗りを[color/background/subtler]に設定します①。セクションごと複製してダークモードのデザインも配置しておきましょう②。

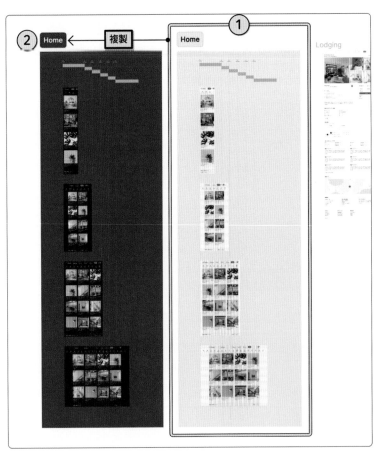

Memo

iPad miniとiPhone 15 Proの画面の高さが大きくなりすぎるため、4行になるように[Card]の数を減らしています。

Memo

ダークモードに切り替えるにはセクションを選択した状態でレイヤーセクションの🔘から[SemanticColor] > [dark]を選択します。

● テンプレート

『Web Design』の[Home]セクションをコピーし、『Design System』の
[Components]ページに貼り付けた上、名前を[Template]とします①。
汎用的なテンプレートとして使用するため、[CategoryFilter]と[Outer
＞Container＞Lodgings]を削除してください。

各画面の[Outer＞Container]には適当な塗り（下図は#D7F3FF）を設定
し、[Header]の下部まで領域を広げます②。各レイヤー名の[Home]
の部分を[Template]に変更しましょう③。

Memo

下図では、説明のためレイアウ
トグリッドを非表示にしています。
shift G を押すと表示／非表
示を切り替えられます。

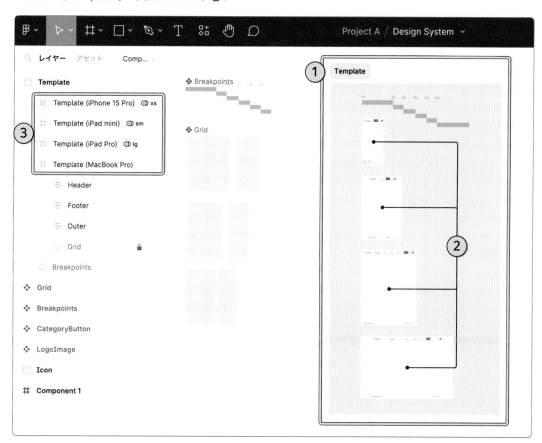

このようなテンプレートがあれば、デザイナーは考慮すべきレイアウトの
バリエーションを把握できるだけでなく、新しい画面の作成を素早く開始
できます。

Memo

ヘッダーの子要素の重なりは、
次の節で解決します。

Memo

テンプレートのフレームの高さは、デバイスの高さにしています。iPhone 15 Proは
852px、iPad miniは1133px、iPad Proは1366px、MacBook Proは1117pxです。

Sample File

Design System 7-2

Web Design 7-2

03 コンポーネント

コンポーネントはパターンライブラリの中心的な存在です。［Card］以外のUI要素もコンポーネントに変換し、ライブラリから提供しましょう。

● ヘッダー

ヘッダーは画面サイズによって表示内容を工夫する必要があるため、バリアブル［containerWidth］の対応だけでは不十分です。画面サイズに応じてレイアウトを切り替える構成に変更しましょう。

『Design System』の［Template］セクションから、各画面の［Header］を複製してください。モードの指定がなくなり［Breakpoint: 自動(xxl)］が適用されるため、中身の［Container］のサイズが［W: 1320］になります。

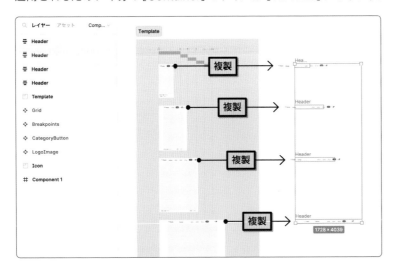

［Header］をひとつずつ選択し、該当するブレイクポイントのモードを再設定してください。［Container］のサイズが元に戻り、フレームの範囲に収まります。

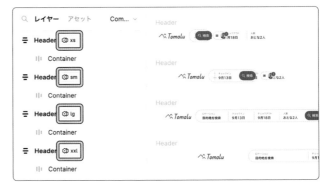

[xs]と[sm]のブレイクポイントでは、[Header]内の各要素が重なっています。オートレイアウトでは対応しきれないため、[SearchBar]を別のデザインに置き換えましょう。

[Resource]ページに[SearchBar]の別デザインを用意しておきました。アイコンをインスタンスに置き換え、セマンティックカラー、角の半径、スペーシングのバリアブルやテキストスタイルを下図のように適用してください。作業が完了したら[SearchBar]をコピーします。

Memo

画面左上のメニューからページを切り替えられます。

Memo

アイコンのサイズは[W: 24]、[H: 24]に縮小してください。

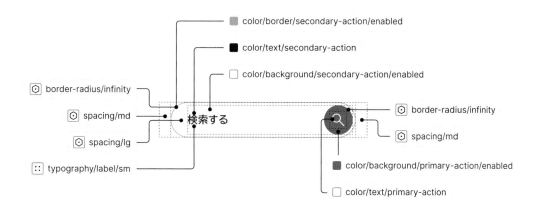

[Components]ページに戻ります。[sm]のブレイクポイントの[Header > Container > SearchBar]を選択して右クリックから[貼り付けて置換]を実行してください①。

[xs]のレイアウトはさらに幅が狭いため、[LogoImage]を削除してから[SearchBar]を[貼り付けて置換]します②。[SearchBar]の左側のパディングを[spacing/none]に変更し、余分なスペースを削除しましょう③。

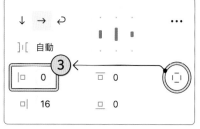

247

すべての［Header］を選択して［コンポーネントセットの作成］を実行します④。バリアントプロパティの名前を［breakpoint］、値を［xs］、［sm］、［lg］、［xxl］に変更してください⑤。

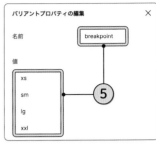

コンポーネントを作成できたら、インスタンスとしてテンプレートに配置し直しましょう。［xs］のバリアントをコピーし、［Template (iPhone 15 Pro)］の［Header］に［貼り付けて置換］します⑥。

［Header］に指定されているレイヤーの［Breakpoint］を［自動］に戻します⑦。代わりにバリアントプロパティの⬡をクリックして［breakpoint］を割り当ててください⑧。

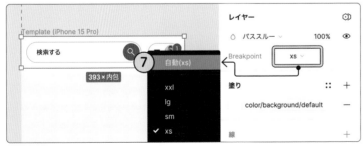

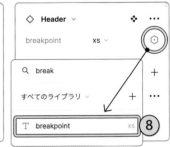

これで親要素のモードに応じて自動的にバリアントが切り替わる構成になりました。iPhone 15 Proの［Header］をコピーし、iPad mini、iPad Pro、MacBook Proの［Header］を［貼り付けて置換］してください。

『Web Design』にもコンポーネントを配置しましょう。［Home］セクションにあるすべての［Header］を選択して［貼り付けて置換］します⑨。バリアントが［breakpoint］に紐づいているため、各ブレイクポイントに応じたレイアウトで［Header］インスタンスが配置されるはずです。

［xs］と［sm］の［Header］は16px小さくなります。［CategoryFilter］との間にスペースが生まれないよう適宜調整してください。

作例ファイルの問題点

これで作例ファイルの「小さな画面ではヘッダーがはみ出す」問題は解決しました。

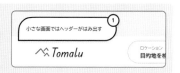

● ボタン

ボタンはあらゆる画面で頻繁に使用されるため、コンポーネント化しておくのはもちろんですが、状態やデザインをバリアントで管理しましょう。

[Header] のコンポーネントセットに配置されているボタンを複製し、コンポーネント化してください。角の半径とオートレイアウトの設定にバリアブルを適用し、アイコンは [Icon/Search] インスタンスと置き換えます。

Memo

アイコンはリソースパネルの [コンポーネント] タブから検索できます。[W: 24]、[H: 24] に縮小してください。

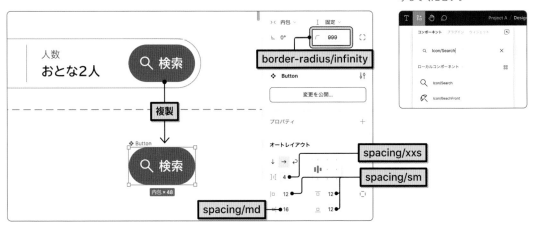

状態のプロパティ

ボタンはインタラクティブな UI 要素であり、「マウスオーバー」、「押下」、「フォーカス」のインタラクションを受けつけます。これに「通常時」と「無効時」を追加して合計 5 つの状態をバリアントとして作成しましょう。

Memo

バリアントの操作方法は P64を参照してください。

バリアントを 5 つ作成し、プロパティの名前を [state] ①、値を [enabled]、[hovered]、[pressed]、[focused]、[disabled] とします ②。

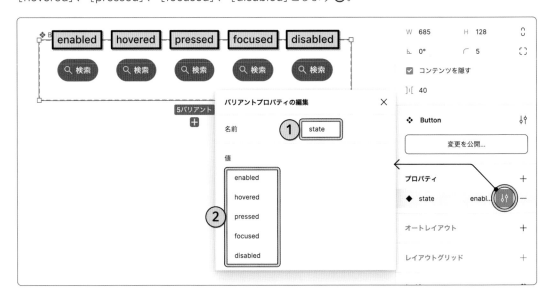

[hovered]と[pressed]の背景色、[disabled]のレイヤーの不透明度に下図のバリアブルを適用します。[focused]には[FocusOutline]という名前でボタンを囲む長方形を追加し③、線の幅に[border-width/lg]、線の色に[color/border/primary-action/focused]を適用します。

[FocusOutline]は絶対位置で配置し、ボタンのサイズ変更に追従できるよう制約には[左右]と[上下]を設定してください。

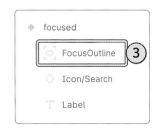

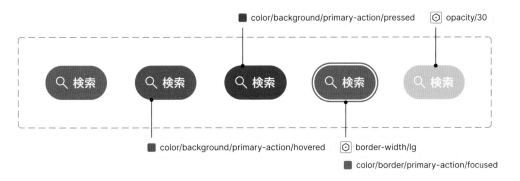

ラベルのプロパティ

ボタンのラベルを上書きするプロパティを作成しましょう。テキストをすべて選択して⊖をクリックします。名前に[label]、値に[ボタンラベル]を入力して[プロパティを作成]をクリックしてください④。

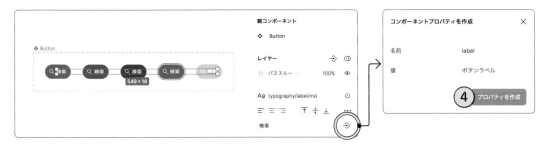

アイコンのプロパティ

アイコンに関するプロパティを追加します。コンポーネントセットを選択してプロパティの＋から[バリアント]をクリック、名前に[hasIcon]、値に[True]と入力して[プロパティを作成]を実行してください⑤。

すべてのバリアントを複製し、［hasIcon］プロパティの値を［False］に設定してください。複製した方のボタンからアイコンを削除し、左側のパディングを［spacing/md］に変更しましょう。これでアイコンの表示／非表示をプロパティから切り替えられるようになりました。

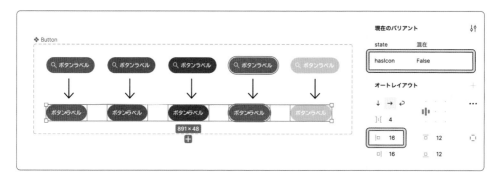

アイコンを入れ替えるためのプロパティも追加します。すべてのアイコンを選択し、コンポーネントセクションの🔁をクリックします⑥。プロパティの名前に［↪ icon］と入力し、優先する値の＋を選択してチェックボックスをクリックしてください⑦。すべてのアイコンが選択されたら［プロパティを作成］を実行します⑧。

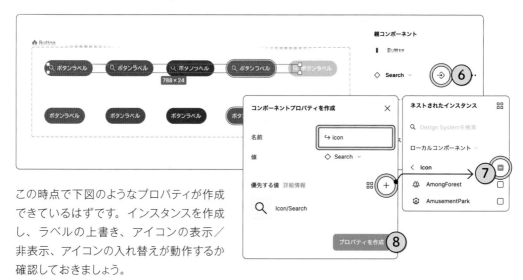

この時点で下図のようなプロパティが作成できているはずです。インスタンスを作成し、ラベルの上書き、アイコンの表示／非表示、アイコンの入れ替えが動作するか確認しておきましょう。

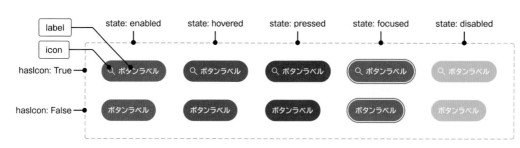

サイズのプロパティ

サイズ違いのデザインもバリアントで定義しましょう。コンポーネントセットを選択し、プロパティセクションの⊞から［バリアント］をクリック、名前に［size］、値に［md］と入力して［プロパティを作成］を実行します①。

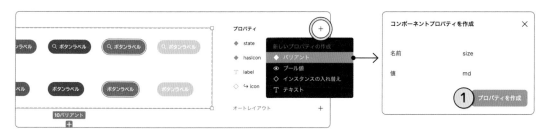

フレームを広げてすべてのバリアントを複製します。バリアントの［size］プロパティを［sm］に設定し②、サイズを［H: 40］に変更してください③。

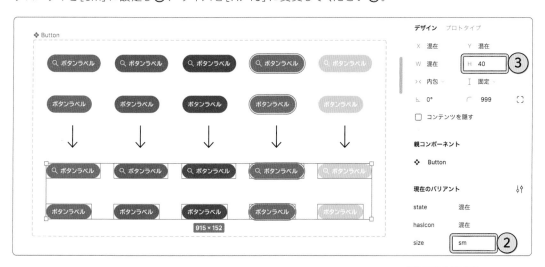

複製したすべてのボタンを対象に、アイコンのサイズを［W: 20］、［H: 20］、ラベルのテキストスタイルを［typography/label/sm］に変更します。これでインスタンスのプロパティから［md］と［sm］のサイズを選択できるようになりました。

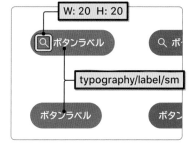

［sm］サイズのボタンは、上下のパディングを計測すると［13］であり［spacing/sm］より1px大きい状態ですが、ボタン全体の高さが40pxになることを優先しています。

タイプのプロパティ

ボタンにはプライマリカラーを使わないデザインも必要です。コンポーネントセットを選択して［+］から［バリアント］をクリック、名前に［type］、値に［primary］と入力して［プロパティを作成］を実行してください①。

再びすべてのバリアントを複製し、［type］プロパティを［secondary］に設定します②。複製したバリアントを選択し、選択範囲の色セクションから［primary-action］を［secondary-action］に置き換えてください③。

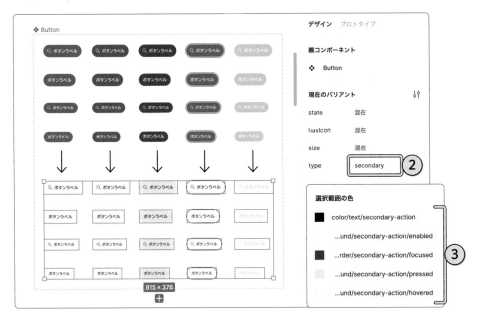

線を追加して、線の幅には［border-width/md］、線の色には［color/border/secondary-action/enabled］を適用します④。コンポーネントセットを選択し、プロパティの並び順を右図のように変更しましょう⑤。

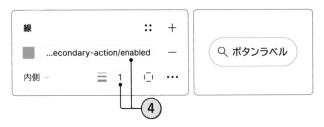

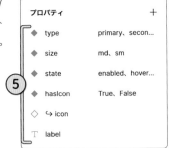

コンポーネントセットの中には合計40個のデザインがあります。それぞれのデザインとプロパティが下図のように対応しているか確認し、[Header]コンポーネントのボタンとして再配置してください⑥。

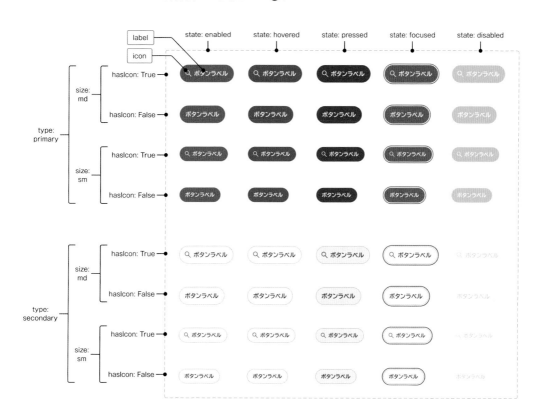

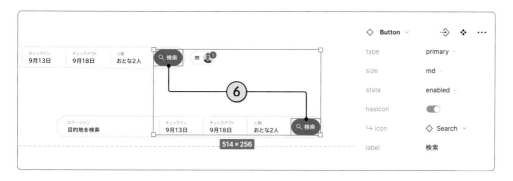

アクションの重要度、サイズ、アイコンの有無などを[Button]コンポーネントひとつで表現できました。このようなコンポーネントの構成に正解はなく、例えば[type: primary]と[type: secondary]のデザインを別のコンポーネントにする方針も考えられますし、[size: md]と[size: sm]についても同じことが言えます。どのような構成にするにせよ実装コードとの同期が必要になるため、デザイナーとエンジニアのコミュニケーションが重要です。

Memo

このボタンで置き換えるのはブレイクポイントが[lg]と[xxl]の[Header]のみです。[xs]と[sm]に対応するには、さらにプロパティを追加するか、別のコンポーネントが必要です。

インタラクティブコンポーネント

ボタンの動作イメージを共有するため、各状態のバリアントをつなげてインタラクティブコンポーネントにしておきましょう。［プロトタイプ］タブを開き、［state: enabled］のバリアントをひとつ選択します。右端に表示される ◯ から矢印をドラッグして［state: hovered］につなげてください①。同様にして［hovered］から［pressed］にも矢印をつなげます②。

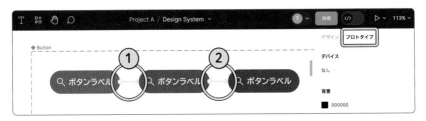

バリアントをつなぐ矢印をクリックするとインタラクションの設定パネルが表示されます。［enabled］→［hovered］のパネルは［マウスオーバー］③、［hovered］→［pressed］のパネルは［押下中］を選択し④、どちらも［スマートアニメート］、［イーズアウト］、［200ms］に設定してください。

上記を設定できたら［enabled］のバリアントを選択し、インタラクションの左側の余白をクリックしてコピーします⑤。

インタラクションを設定していない［enabled］のバリアントをすべて選択して、Macは ⌘ V 、Windowsは ctrl V を押すと、移動先を含めてインタラクションがペーストされます⑥。矢印をドラッグして向き先を変更し、すぐ隣のバリアントにつながるように設定してください。

同じ手順で［hovered］→［pressed］のインタラクションもコピー&ペーストし、矢印の向き先を変更します（［type: secondary］にもインタラクションを設定してください）。

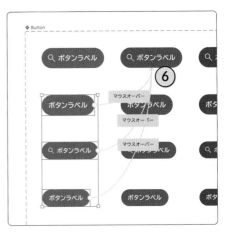

［Button］のインスタンスを作成して shift space を押すとプレビューが
開きます⑦。マウスオーバー時と押下時に背景色がアニメーションしな
がら切り替わるか確認してください。

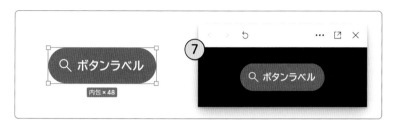

以上で［Button］コンポーネントは完成です。状態、ラベル、アイコン、
サイズ、タイプをプロパティで切り替えられ、インタラクションの動作イ
メージも共有可能な状態になりました。セマンティックカラーやテーマカ
ラーを使用しているため、手作業では気の遠くなるようなパターンを無理
なく管理できます。すべての組み合わせを一覧化した下図のような資料を
ドキュメントとして残しておきましょう。

Memo

テーマカラーを切り替えるには、
レイヤーセクションの  をク
リックして［_ThemeColor］>
［winter］を選択します。

レイヤー		
◇ パススルー ∨	100%	👁

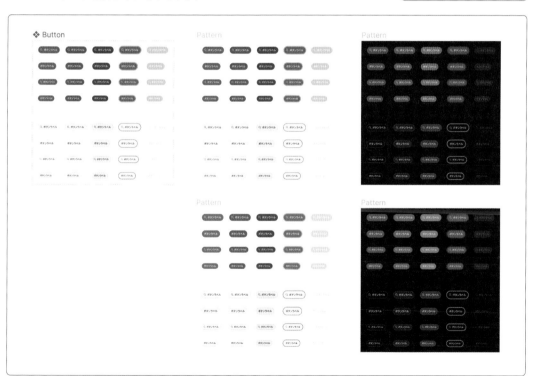

作例ファイルの問題点

これで「マウスオーバー時や押下時のデザ
インがない」問題は解決しました。

マウスオーバー時や押下時のデザイン
がない

● そのほかのボタン

具体的な解説は省略しますが、［CategoryButton］コンポーネントも状態を［state］プロパティで表現し、［icon］と［label］プロパティでコンテンツを上書きできるように改善してください。

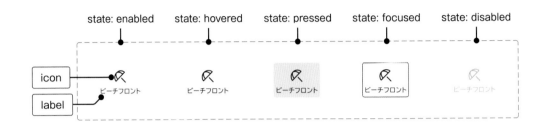

ライブラリを公開し、『Web Design』の［CategoryButton］をインスタンスに置き換えます①。インスタンスは初期状態で配置されるため、［icon］と［label］の内容を上書きする必要があります②。

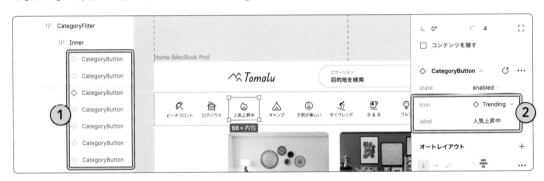

［breakpoint: xxl］での画面で作業が完了したら［CategoryFilter］全体をコピーします。［貼り付けて置換］でそのほかの画面に配置し、サイズを調整してください③。

Memo

差し替え作業はライトモードで行い、完了後にセクションごと複製してダークモードを指定すると効率的です。

作例ファイルの問題点

コンポーネントによってサイズやスタイルが共通化され、「ほかより大きいアイコンがある」という問題が解決しました。

［Card］に配置されている「お気に入りボタン」もコンポーネント化しましょう。このボタンには「登録済み」を意味する［isFavorited］というプロパティを追加します。［isFavorited: False］→［isFavorited: True］をつなぐインタラクションを設定すると、より本物らしい動作イメージを共有できます。

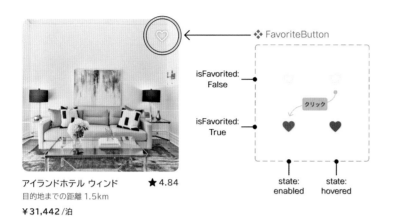

アイランドホテル ウィンド　★ 4.84
目的地までの距離 1.5km
¥ 31,442 /泊

作例ファイルの問題点

上記のような構成で「お気に入り登録後の
デザインがない」という問題は解決します。

● フッター

最後にフッターをコンポーネント化します。［Template (MacBook Pro)］の［Footer］を複製してコンポーネントを作成し④、［Button］をインスタンスに入れ替えます⑤。作業が完了したらすべてのテンプレートに再配置し、ライブラリを公開して『Web Design』の画面にも配置してください。

Memo

フッターのデザインは、すべて
のブレイクポイントに対応でき
る構造になっています。

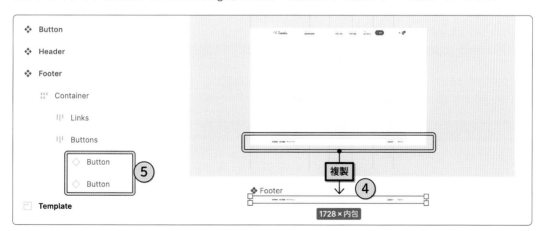

Sample File

次節のファイルを参照してください。

04

ドキュメント

すべてのコンポーネントは『Design System』の[Components]ページに格納されていますが、あくまでデザインの構成要素として保存されているだけです。コンポーーネントの意図や使い方を伝えるドキュメントとして機能させる必要があります。

● ボタンのドキュメント

ドキュメントには様々な情報を詰め込みたくなりますが、更新されなければ意味がありません。作業負荷や更新漏れを最小限にするため、できる範囲で自動化する方法を考えましょう。

リソースパネルの[プラグイン]タブで「EightShapes Specs」を検索し、実行してください①。

EightShapes Specs
🔗 https://www.figma.com/community/plugin/1205622541257680763/

プラグインが起動したら、[Button]のバリアントをひとつ選択して[Run]をクリックします②。

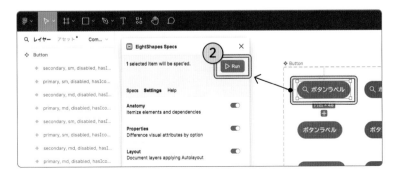

処理が完了すると［Button］コンポーネントに関するドキュメントがキャンバスに挿入されます。コンポーネントを構成するオブジェクト③、独自に定義されたプロパティ④、レイアウトとスペーシング⑤などが含まれており、コンポーネントを俯瞰するには十分な内容です。

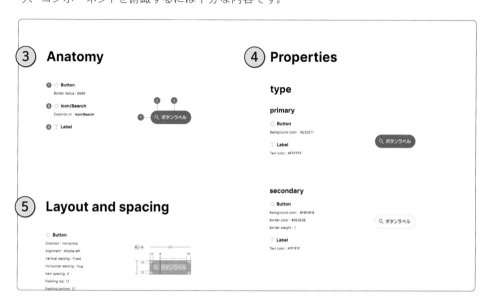

ただし、バリアブルが表示されないため実装時には注意が必要です。例えばボタンの背景色には［color/background/primary-action/enabled］ではなく、Hex値で［#E30E71］と表示されてしまいます。**Hex値を直接コードに埋め込むのではなく、［StyleGuide］ページに定義しているデザイントークンを参照してください。**

自動生成されたドキュメントに不足している情報もあります。例えば、コンポーネントの使い方を示した下図のような資料です。すべてを自動で作成できるわけではないため、組織にあった内容を検討しましょう。

Memo

EightShapes Specsの有料プランは、バリアブルの表記にも対応しています。

自動生成されたドキュメント、独自に追加したドキュメント、バリアント
のパターンサンプルなどを整理してセクションに格納した結果が下図です。
ボタンの実装コードへのリンクがあれば、コンポーネントセットの［リン
ク］にURLを入力しておくとよいでしょう⑥。

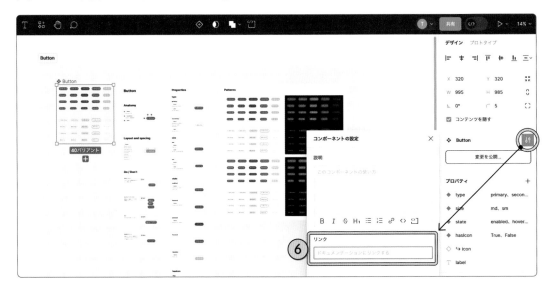

● ヘッダーのドキュメント

現状では、ヘッダーのドキュメントを自動生成すると、下図のように冗長
な内容になります。検索のUIや右側のボタンなどの子要素がコンポーネ
ント化されていないからです。

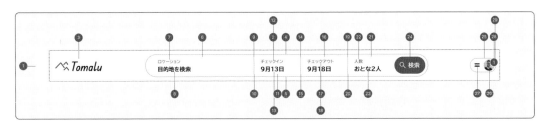

デザイン管理の観点からも、再利用する可能性のある子要素はコンポー
ネント化を検討しましょう。子要素が適切にコンポーネント化されていれ
ば、下図のようにシンプルな内容になります。

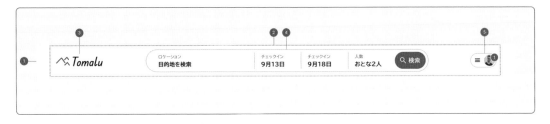

[LogoImage]などのネストされるコンポーネントは、セクションにまとめ
てドキュメントの近くに配置しておきます。セクションの名前は[Related
Components]としました⑦。

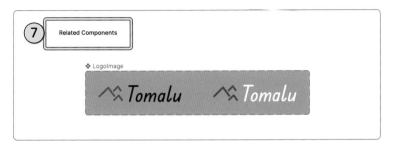

● そのほかのドキュメント

そのほかのコンポーネントについてもドキュメントを作成し、セクション
に格納しましょう。上部にレイアウトやテンプレート⑧、下部にコンポー
ネントやアイコンをまとめています⑨。

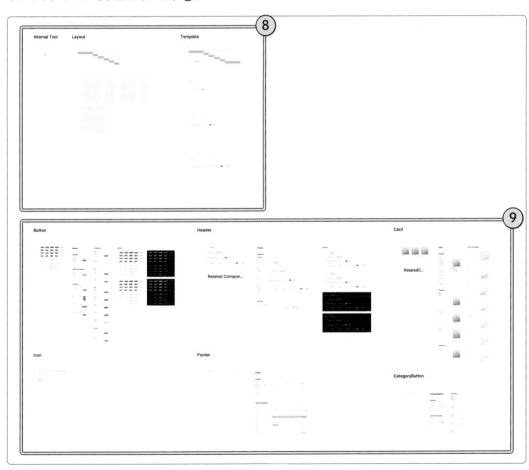

以上でデザインシステムの構築を完了とします。『Design System』の
[StyleGuide]ページでは、デザインの最小構成単位であるデザイントー
クンやスタイルを定義しました。[Components]ページでは再利用可能な
コンポーネントを作成し、独自のプロパティを追加してデザインのバリエー
ションを管理しています。デザイントークン、スタイル、コンポーネントは
『Web Design』に組み込まれ、各ブレイクポイントに対応した[Home]
画面を構成しています。

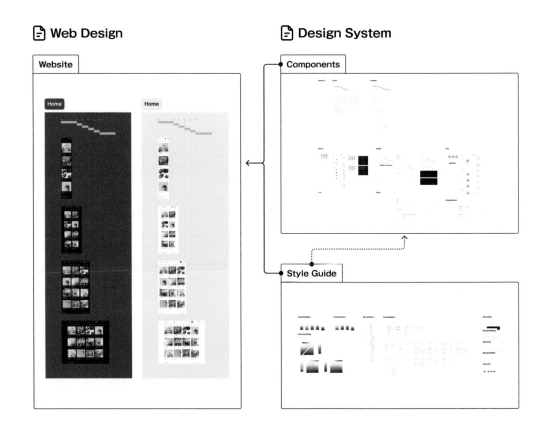

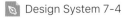

Sample File

Design System 7-4

Web Design 7-4

Chapter 8

実装コードとの連携

デザインとフロントエンドの設計が一致していれば、デザインシステムがより効果的に機能します。実装については解説しませんが、デザインとコードを連携する方法、代表的なツール、実際のワークフローなどを紹介します。

01

デザイントークンの連携

デザイントークンと実装との連携は、効果的かつ作業負荷がそれほど大きくありません。Figmaのバリアブルを変換して実装に組み込むことで、デザインとフロントエンドの設計が一致します。練習として『Design System』のバリアブルをJSONファイルに書き出してみましょう。

◯ バリアブルの書き出し

プラグイン「Export Filtered Variables」を検索して実行してください。

Export Filtered Variables
🔗 https://www.figma.com/community/plugin/1255198963912190091/

バリアブルのコレクションとモードが指定でき①、[Export Variables]をクリックするとJSONが表示されます②。下図の例では[_PrimitiveColor]コレクションに作成した[color/gray/5]というバリアブルが先頭に表示されており③、[color/gray/10]、[color/gray/20]と続いています。このプラグインは開発モードでも実行可能であり④、エンジニアが直接バリアブルを書き出せます。

> **Memo**
>
> Export Filtered Variablesは、日々の作業を効率化するために筆者が作成したプラグインです。

以下は、JSONをコピーしてファイルに保存した例です。「01_primitive_color.json」には [color/magenta/30] が定義されており⑤、それが「02_theme_color_default.json」の [color/primary/30] から参照されています⑥。同じように [color/primary/30] は「03_semantic_color_light.json」の [color/background/primary-action/enabled] から参照されています⑦。このように、JSONにもデザイントークンの階層構造が引き継がれていることが重要です。

Memo

JSONとは、テキスト形式を用いたデータの記述方法です。データを簡潔に読みやすく記述できるため、広く開発に使われています。

◯ Style Dictionary

書き出したJSONを直接使うことはできず、各プラットフォームに合わせた形式に変換する必要があります。変換に使う代表的なツールが「Style Dictionary」で、iOS、Android、Webに合わせてJSONから実装コードを生成してくれます。変換時には独自のロジックを差し込めるため、非常に柔軟なカスタマイズが可能です。

Style Dictionary
🔗 https://amzn.github.io/style-dictionary/

例えば、Figmaで定義された [color/primary/30] はJSONに書き出され、Style Dictionaryによって [--color-primary-30] というCSSの変数に変換されます①。この変数はCSSの実装におけるテーマカラーであり、[--color-background-primary-action-enabled] という別の変数から参照されます②。

```
# variables.css > ...
--color-primary-50: var(--color-magenta-50);
--color-primary-40: var(--color-magenta-40);
--color-primary-30: var(--color-magenta-30);       ①
--color-primary-20: var(--color-magenta-20);
--color-primary-10: var(--color-mag
--color-primary-5: var(--color-mage
--color-border-secondary-action-focus
--color-border-secondary-action-enab
--color-border-primary-action-focuse
--color-border-inverse: var(--color-
--color-border-bold: var(--color-neu
--color-border-subtle: var(--color-ne
--color-border-default: var(--color-
--color-background-secondary-action-
--color-background-secondary-action-
--color-background-secondary-action-
--color-background-primary-action-pre
--color-background-primary-action-hov
--color-background-primary-action-ena        ②
--color-background-subtler: var(--col
--color-background-subtle: var(--col
```

```
# variables.css > ...
--color-border-secondary-action-focused: var(--color-neutral-20);
--color-border-secondary-action-enabled: var(--color-neutral-50);
--color-border-primary-action-focused: var(--color-primary-30);
--color-border-inverse: var(--color-neutral-90);
--color-border-bold: var(--color-neutral-20);
--color-border-subtle: var(--color-neutral-60);
--color-border-default: var(--color-neutral-50);
--color-background-secondary-action-pressed: var(--color-neutral-70);
--color-background-secondary-action-hovered: var(--color-neutral-80);
--color-background-secondary-action-enabled: var(--color-neutral-90);
--color-background-primary-action-pressed: var(--color-primary-10);
--color-background-primary-action-hovered: var(--color-primary-20);
--color-background-primary-action-enabled: var(--color-primary-30);
--color-background-subtler: var(--color-neutral-70);
--color-background-subtle: var(--color-neutral-80);
--color-background-default: var(--color-neutral-90);
```

ボタンを実装するフロントエンドコードでは、以下のようにセマンティックカラーを指定します③。

```css
# Button.module.css  ×

components > # Button.module.css > ᵗᶻ .primary:focus-visible:before

55
56    .primary {
57      background-color: var(--color-background-primary-action-enabled);   ③
58      color: var(--color-text-primary-action);
59      border: var(--border-width-md) solid var(--color-background-primary-action-enabled);
60    }
61
62    .primary:hover {
63      background-color: var(--color-background-primary-action-hovered);
64    }
```

記述量が多いと感じるかもしれませんが、自動補完されるためタイピングの量は多くありません。「--color」とタイプすれば色のデザイントークンが候補として表示され、「--color-back」までタイプすれば背景色のみが表示されます④。

```css
# Button.module.css  ●

components > # Button.module.css > ᵗᶻ .primary

55
56    .primary {
57      background-color:var(--color-back);
58      color: var(--color-text-primary-   [@] --color-background-primary-action-enabled
59      border: var(--border-width-md) s   [@] --color-background-primary-action-hovered
60    }                                    [@] --color-background-primary-action-pressed
61                                         [@] --color-background-secondary-action-enabled   ④
62    .primary:hover {                     [@] --color-background-secondary-action-hovered
63      background-color: var(--color-ba   [@] --color-background-secondary-action-pressed
64    }                                    [@] --color-background-default
```

右図はコンポーネント使用例です。[type]プロパティに[primary]を指定することでプライマリカラーのボタンを表示します⑤。このように、適切に設計されたデザイントークンやプロパティの構造は、そのまま実装コードに引き継ぐことができます。

```
<Button
  label="プライマリボタン"
  size="md"
  type="primary"    ⑤
/>
```

色に変更があればJSONを更新し、再度 Style Dictionary で変換処理を行います。この作業は機械的であり、変更箇所を探す必要はありません。その気になれば「Figma から JSON を送信して CSS に変換し、GitHub のプルリクエストを作成する」といったワークフローの自動化も可能です。

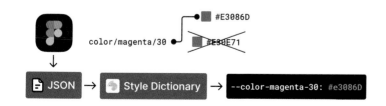

● ダークモード

実装方法の一例ですが、ライトモードとダークモードの切り替えはCSSの上書きで実現します。Style Dictionaryから生成した「variables.css」には、ライトモードのデザイントークンが変数として定義されており①、基本設定として読み込まれます。

```
# variables.css  ×

styles > # variables.css > ⛋ :root
243    --color-border-secondary-action-focused: var(--color-neutral-20);
244    --color-border-secondary-action-enabled: var(--color-neutral-50);
245    --color-border-primary-action-focused: var(--color-primary-30);
246    --color-border-inverse: var(--color-neutral-90);
247    --color-border-bold: var(--color-neutral-20);
248    --color-border-subtle: var(--color-neutral-60);
249    --color-border-default: var(--color-neutral-50);
250    --color-background-secondary-action-pressed: var(--color-neutral-70);
```
①

画面が表示される際に、CSSの[prefers-color-scheme]でユーザーの要求がライトモードとダークモードのどちらなのかを検知し、ダークモードだった場合には「variables_dark.css」を追加で読み込みます②。

```
# variables.css        <> preview-head.html ●

.storybook > <> preview-head.html > ...
1    <link rel="stylesheet" href="variables.css" />
2    <link rel="stylesheet" href="variables_dark.css" media="(prefers-color-scheme: dark)" />
3
4    <link rel="preconnect" href="https://fonts.googleapis.com">
5    <link rel="preconnect" href="https://fonts.gstatic.com" crossorigin>
6    <link href="https://fonts.googleapis.com/css2?family=BIZ+UDPGothic:wght@400;700&display=swap"
7
```
②

「variables_dark.css」にも変数が定義されており③、こちらのファイルが後から読み込まれることで、ライトモードの変数を上書きします。同じ値を上書きしても意味がないため、ダークモードで値が変わらないデザイントークンは省略してファイルを軽量化します。

```
# variables_dark.css  ×

styles > # variables_dark.css > ...
48    --color-border-secondary-action-focused: var(--color-neutral-80);
49    --color-border-secondary-action-enabled: var(--color-neutral-40);
50    --color-border-primary-action-focused: var(--color-primary-20);
51    --color-border-inverse: var(--color-neutral-5);
52    --color-border-bold: var(--color-neutral-80);
53    --color-border-subtle: var(--color-neutral-30);
54    --color-border-default: var(--color-neutral-40);
55    --color-background-secondary-action-pressed: var(--color-neutral-20);
```
③

テーマカラーの切り替えも同様です。上書きしたい変数のみを定義したCSSファイルを用意し、条件にマッチしたときだけ追加で読み込みます。

● そのほかの連携方法

CSSの変数は、Style Dictionaryを使わなくても生成できます。例えば「variables2css」というプラグインを検索して実行してみてください。

variables2css
🔗 https://www.figma.com/community/plugin/1261234393153346915/

Export Filtered Variablesと似ていますが、このプラグインはJSONではなくCSSを直接生成します。デザイントークンの階層構造も考慮されており、CSSの記述方法や単位の指定も可能です。このコードをCSSファイルとして保存すれば、フロントエンドの実装にそのまま使用できます。JSONという中間データがなく変換作業も不要なため、Webサイトのみを対象とする場合には手軽な連携方法です。

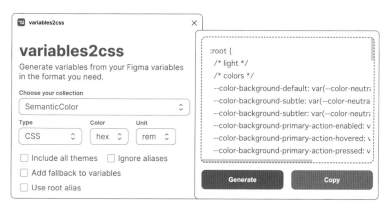

開発モード専用ですが「Variables Converter」というプラグインは、CSSだけでなくAndroidやiOSの変数も出力してくれます。

Variables Converter
🔗 https://www.figma.com/community/plugin/1256000104406722117/

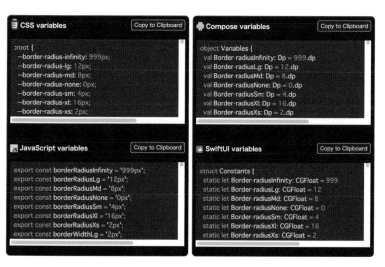

271

02

Storybook

Figmaのコンポーネントはあくまでデザインであり、実装コードとは関係がありません。エンジニアはドキュメントや開発モードを参照してコンポーネントをコードで再現します。デザイナーは実装されたコンポーネントが期待通りになっているかを確認する必要がありますが、その際に便利なツールが「Storybook」です。

◉ UIカタログ

下図は「React」で実装したボタンのコンポーネントをStorybookで表示している様子です。レンダリングされたコンポーネント①、コンポーネントを表示するためのコード②、コンポーネントに指定できるプロパティ③が表示されており、プロパティを変更するとボタンの見た目がリアルタイムで更新されます。コードで実装されたコンポーネントが表示されており、マウスオーバーやクリックなどのユーザーアクションに反応します。

Memo

Storybookは UIコンポーネントのカタログを効率的に作成するツールです。実装されたコンポーネントをブラウザで閲覧することができ、見た目や機能をインタラクティブに確認できます。

Storybook

🔗 https://storybook.js.org

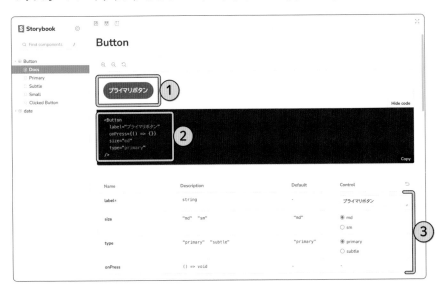

プロパティの組み合わせをあらかじめ用意しておくページが「ストーリー」です。プロパティが多い複雑なコンポーネントであっても、特定の文脈におけるコンポーネントの見た目をすぐに確認できるメリットがあります。コンポーネントを確認するためだけにWebサイト全体を起動する必要がありません。

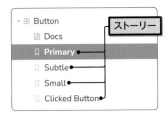

● ドキュメントの自動生成

Figmaで作成したドキュメントのように、実装コードにもドキュメントが必要です。Storybookを使えば多くの内容を自動的に生成できます。

下図はボタンの実装コードです。コンポーネントのプロパティが[Props]として定義されており、それぞれのデータ型も定義されています。例えば、[type]というプロパティは[primary]か[subtle]という文字列しか受けつけないのに対し①、[label]は任意の文字列を指定できます②。

Memo

アイコンを表示するための実装は省略しています。

```
interface Props {
  type?: 'primary' | 'subtle'  ──①
  size?: 'md' | 'sm'
  label: string  ──②
  onPress?: () => void
}

export default function Button({ type = 'primary', size = 'md', label, onPress }: Props) {
  const className = [styles.container, styles[type], styles[size]].join(' ');
  return (
    <button className={className} onClick={onPress}>
      {label}
    </button>
  );
}
```

コンポーネントで定義されたプロパティはStorybookによって検知され、インタラクティブな設定パネルとしてリスト化されます。データ型③や初期値④が表示されており、必須プロパティには[*]がついています⑤。

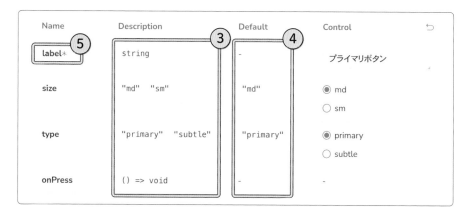

Name	Description	Default	Control	↺
label* ⑤	string ③	- ④	プライマリボタン	
size	"md"　"sm"	"md"	◉ md　○ sm	
type	"primary"　"subtle"	"primary"	◉ primary　○ subtle	
onPress	() => void	-	-	

実装済みのコンポーネントをもとにドキュメントを自動生成してくれるため、エンジニアの作業負荷はありません。UIコンポーネントのカタログを開発チームで自作する場合もありますが、Storybookを使うと効率的に網羅性のあるドキュメントを追加できるメリットがあります。

● 独立した開発環境

Storybookを使うと、プロダクトとUIコンポーネントの開発を分離しやすくなります。新しい機能開発に未確定な仕様がある場合でも、コンポーネントのみを先行して実装、レビュー、テストできます。また、プロダクト全体が動作する開発環境は不要なため、新しいメンバーのオンボーディングが容易になります。フロントエンド開発にチャレンジしたいデザイナーにも最適な環境となるでしょう。

Storybookは単独で存在できず、アプリケーションコードの中に組み込む必要があります。プロジェクト構成は以下の2通りが考えられますが、どちらの構成でも独立した開発環境を整えられます。

プロダクトにインストール

プロダクトの中にStorybookをインストールして開発を進め、必要な場所でUIコンポーネントを読み込んで使用します。シンプルな運用が可能ですが、同じプロジェクトの中にすべてのコードが含まれるため、変更履歴が混在してしまいます。コンポーネントを使用するプロダクトが複数になる場合は構成を組み直す必要があります。

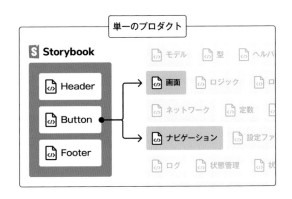

専用のアプリケーション

Storybook専用のアプリケーションを作成し、その中でUIコンポーネントの開発を進めます。変更履歴が独立しているため、プロダクトごとに異なるバージョンを読み込むことも可能です。規模の大きなプロダクトや、複数のプロダクトが存在する場合に最適な構成です。

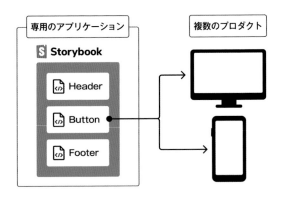

Memo
Storybookの副次的な効果ですが、UI確認のためにフロントエンドコード全体をビルドする必要がないため、多くの場合で開発スピードが向上します。

◉ UIテスト

ボタンをクリックした後、ラベルが「Thank you!」に変わるような仕様が
あるとします。この仕様が実装されているかをテストするには、プロダク
トを実際に動かしてみる必要があります。ひとつだけなら問題ないですが、
すべての仕様を確認するには時間がかかりすぎる上、確認漏れが発生し
てしまいます。

Storybookでは UI コンポーネントのインタラクションテストを簡単に記述
できます。以下はテストコードのサンプルです。ユーザーがボタンをクリッ
クした300ミリ秒後に①、「Thank you!」という文字列がページに存在
することを確認しています②。

```
},
play: async ({ canvasElement }) => {
  const canvas = within(canvasElement);
  await userEvent.click(canvas.getByRole('button'), { delay: 300 });   ①
  await expect(
    canvas.getByText('Thank you!')   ②
  ).toBeInTheDocument();
}
```

実際に Storybook でテストが実行された結果が下図です。ユーザーがボ
タンをクリックできたこと③、クリックの後に「Thank you!」という文字
列がページに存在すること④、それぞれがテストに合格しています。

上記はストーリーを開いてテストを実行する形ですが、コマンドラインか
らテストを一括で実行する方法も用意されています。CI（継続的インテグ
レーション）に組み込めば、テストの実行を忘れることもありません。

● Storybookのホスティング

Storybookを使った開発環境は手元のPCに存在しますが、コマンドひとつで静的なWebサイトをビルドできます。生成されたフォルダをサーバーにアップロードすればWebサイトとして公開できるため、開発メンバー以外との共有も可能です。「Netlify」などのホスティングサービスを使えば公開作業も自動化できます。

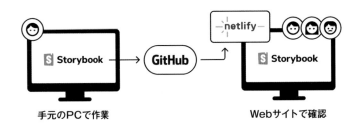

手元のPCで作業　　　　　　　　　　　Webサイトで確認

Webサイトとして外部に公開したくない場合は「Chromatic」を使う方法もあります。ChromaticはStorybookをホスティングできるだけでなく、UIコンポーネントのレビュープロセスを提供してくれるクラウドサービスです。

Memo

Netlify、Chromaticとも有料プランがありますが、無料で始められます。

Netlify
🔗 https://www.netlify.com

Chromatic
🔗 https://www.chromatic.com

ChromaticでホスティングされたStorybookは、開発モードと連携するとFigma上に表示されます。これによってデザインと実装のドキュメントを一箇所で確認できる環境が整います。

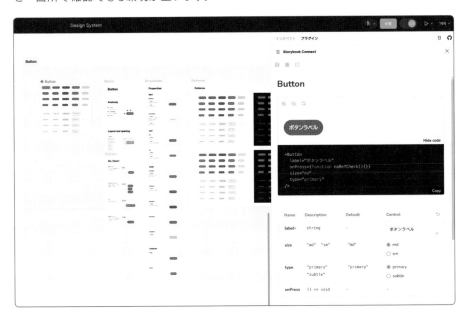

● 終わらないデザインシステムに向けて

「デザインシステムとは」から始まり、構築するために必要なFigmaの応用テクニック、デザイントークンの設計方法、レイアウトやコンポーネントのパターン、ドキュメント生成の自動化など、デザインシステムに関する様々な内容を解説してきました。最初にお伝えした通り、デザインシステムには完成がなく、トライ&エラーを繰り返しながら改善していく必要があります。プロダクトの成長とともにデザインシステムも変化していくべきであり、変化を積極的に作り出す組織体制やワークフローが欠かせません。UIやデザインシステムに関するフィードバックは誰にどのように伝えたらよいのか、UIコンポーネントの変更やレビューをどう進めるのか、新しいメンバーのオンボーディングは誰がいつ行うのかなど、複数のプロセスを簡潔に可視化しておきましょう。

大きな変更の場合、実装着手前に相談やデザインレビューが必要であり、レビューのプロセスを繰り返すこともあります。小さな改善やバグ修正の場合は、工程を省略することもあるでしょう。変更の大きさが判断できない場合の相談先も決めておきたいところです。状況に応じて柔軟に対応する必要はありますが、このようなプロセスをチームで共有して、コラボレーションしやすい体制を整えることが重要です。

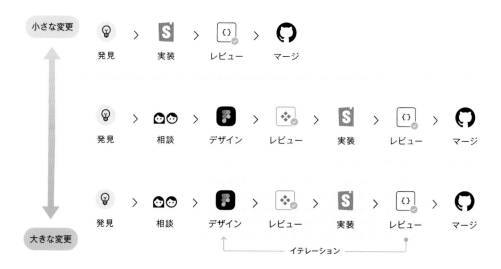

デザインシステムは、作業の効率性、ビジュアルの一貫性、UIパターンの拡張性、デザインとコードの保守性などを追い求めますが、クリエイティビティを抑制するべきではありません。プロダクト開発をうまく進める仕組みであることを理解した上で、その枠組みに収まらない創造的なアイデアやモチベーションを歓迎しましょう。だからこそデザインシステムに終わりはないのです。

INDEX

著者
沢田 俊介
（さわだ しゅんすけ）

UI/UXデザイナー、グラフィックデザイナー、プロダクトマネージャー、ソフトウェアエンジニアなど、幅広いポジションで15年以上ものづくりに携わる。国内外問わずフリーランスとして活動、スタートアップ企業や新規事業を中心としてウェブ開発とモバイルアプリ開発を多数経験。現場で身につけたスキルをもとにオンライン講座を公開しており、40,000人以上の受講生から高い評価を得ている。著書『Figma for UIデザイン アプリ開発のためのデザイン、プロトタイプ、ハンドオフ』（翔泳社）

著者のオンライン講座
🔗 https://www.udemy.com/user/shunsuke-sawada/

本書のサポートサイト
🔗 https://ds.figbook.jp/

装丁　宮嶋 章文
編集　関根 康浩

Figma for デザインシステム
フィグマ　　フォー
デザインを中心としたプロダクト開発の仕組み作り

2024年4月5日　初版発行

著者　　　沢田 俊介
　　　　　さわだ しゅんすけ
発行人　　佐々木 幹夫
発行所　　株式会社 翔泳社（https://www.shoeisha.co.jp/）
印刷・製本　株式会社 シナノ

ISBN978-4-7981-8149-3　Printed in Japan